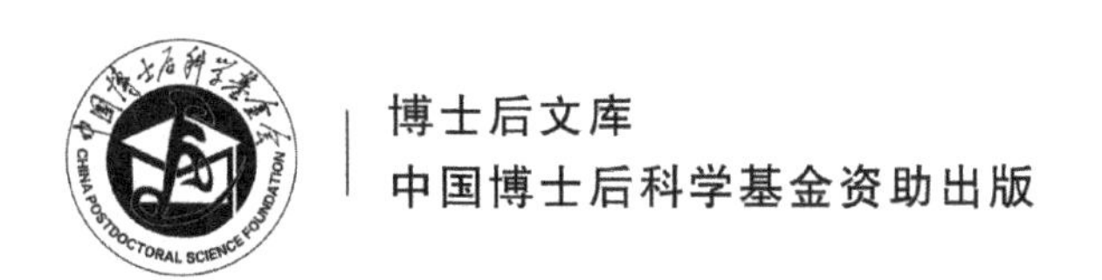

复杂环境非约束图像人脸分析和场景识别

刘袁缘　著

科 学 出 版 社
北 京

内 容 简 介

复杂环境中非约束图像识别是计算机视觉和人机交互领域中的重要研究问题，本书主要关注复杂环境中非约束人脸图像识别和遥感场景识别中的难点和问题，详细介绍非约束环境下的人脸特征点精确定位方法、自然场景中的头部姿态估计方法、多视角变化下的自发表情识别方法、多尺度高分辨率遥感影像的场景分类和场景识别方法，并讨论了该领域的应用和研究方向。本书建立一个非约束图像识别的方法框架，以期协助读者扩展到不同的视觉任务。

本书适合作为计算机、自动化、信息科学、图像处理等学科背景的本科生、硕士研究生和博士研究生的参考教辅，也可作为计算机和图像处理工作者的参考书。

图书在版编目（CIP）数据

复杂环境非约束图像人脸分析和场景识别/刘袁缘著. —北京：科学出版社，2018.11

（博士后文库）

ISBN 978-7-03-059622-2

Ⅰ. ①复…　Ⅱ. ①刘…　Ⅲ. ①面-图像识别-研究　Ⅳ. ①TP391.413

中国版本图书馆 CIP 数据核字（2018）第 262378 号

责任编辑：杨光华　何　念 / 责任校对：董艳辉

责任印制：徐晓晨 / 封面设计：陈　敬

科 学 出 版 社 出版

北京东黄城根北街 16 号

邮政编码：100717

http://www.sciencep.com

北京虎彩文化传播有限公司 印刷

科学出版社发行　各地新华书店经销

*

开本：B5（720 × 1000）

2018 年 11 月第　一　版　印张：7

2019 年 4 月第二次印刷　字数：139 000

定价：49.00 元

（如有印装质量问题，我社负责调换）

《博士后文库》编委会名单

作 者 简 介

刘袁缘，女，1984 年生，江西景德镇人，博士，中国地质大学（武汉）讲师。2005 年本科毕业于南昌大学通信工程专业，2007 年硕士毕业于华中科技大学电路与系统专业，2015 年博士毕业于华中师范大学计算机视觉和模式识别专业。目前主要从事机器学习、情感识别和场景语义理解方面的研究。先后主持国家自然科学基金青年科学基金项目、中国博士后科学基金面上资助项目、中央高校基本科研业务费专项资金新青年教师启动资金项目和江西省高等学校教学改革研究课题项目。以第一作者或通信作者在模式识别权威期刊 *Pattern Recognition*、*Neurocomputing*、*Multimedia and Tools Applications*、*International Journal of Pattern Recognition and Artificial Intelligence*、《电子信息学报》《计算机辅助设计与图形学学报》《测绘学报》等发表 SCI 或 EI 论文 20 余篇，以第一作者在图像处理权威国际会议 IEEE ICIP 和人脸识别权威国际会议 IEEE FG 上发表文章，获得 2014 年 ICPRAM 最佳学生论文提名。目前，担任 *Pattern Recognition*、*Multimedia and Tools Applications*、《测绘学报》、*ICNC-FSKD* 等期刊和国际会议的审稿人。

《博士后文库》序言

1985 年，在李政道先生的倡议和邓小平同志的亲自关怀下，我国建立了博士后制度，同时设立了博士后科学基金。30 多年来，在党和国家的高度重视下，在社会各方面的关心和支持下，博士后制度为我国培养了一大批青年高层次创新人才。在这一过程中，博士后科学基金发挥了不可替代的独特作用。

博士后科学基金是中国特色博士后制度的重要组成部分，专门用于资助博士后研究人员开展创新探索。博士后科学基金的资助，对正处于独立科研生涯起步阶段的博士后研究人员来说，适逢其时，有利于培养他们独立的科研人格、在选题方面的竞争意识以及负责的精神，是他们独立从事科研工作的“第一桶金”。尽管博士后科学基金资助金额不大，但对博士后青年创新人才的培养和激励作用不可估量。四两拨千斤，博士后科学基金有效地推动了博士后研究人员迅速成长为高水平的研究人才，“小基金发挥了大作用”。

在博士后科学基金的资助下，博士后研究人员的优秀学术成果不断涌现。2013 年，为提高博士后科学基金的资助效益，中国博士后科学基金会联合科学出版社开展了博士后优秀学术专著出版资助工作，通过专家评审遴选出优秀的博士后学术著作，收入《博士后文库》，由博士后科学基金资助、科学出版社出版。我们希望，借此打造专属于博士后学术创新的旗舰图书品牌，激励博士后研究人员潜心科研，扎实治学，提升博士后优秀学术成果的社会影响力。

2015 年，国务院办公厅印发了《关于改革完善博士后制度的意见》（国办发〔2015〕87 号），将“实施自然科学、人文社会科学优秀博士后论著出版支持计划”作为“十三五”期间博士后工作的重要内容和提升博士后研究人员培养质量的重要手段，这更加凸显了出版资助工作的意义。我相信，我们提供的这个出版资助平台将对博士后研究人员激发创新智慧、凝聚创新力量发挥独特的作用，促使博士后研究人员的创新成果更好地服务于创新驱动发展战略和创新型国家的建设。

祝愿广大博士后研究人员在博士后科学基金的资助下早日成长为栋梁之材，为实现中华民族伟大复兴的中国梦做出更大的贡献。

中国博士后科学基金会理事长

前　　言

复杂环境的非约束图像识别是人工智能领域一个备受关注的研究方向，它是指利用计算机视觉技术对图像进行特征提取，按照人的认识和思维方式对图像加以归类和理解。随着计算机和传感器的快速发展，该技术对智能机器人、智慧城市、计算机辅助医疗、自然人机交互、三维动画、自动驾驶等领域都有着非常重要的现实意义。近年来，谷歌公司（Google Inc.）、阿尔德巴兰机器人公司（Aldebaran Robotics Limited）、苹果公司（Apple Inc.）、微软公司（Microsoft Corporation）等都投入了巨大的资源研发具有复杂环境图像识别能力的人工智能应用，如情感机器人佩珀（Pepper）、谷歌大脑计划、苹果公司收购的 Emotient 技术及百度公司的无人驾驶汽车等。未来，自然复杂环境的富有情感识别能力和场景语义分析的人工智能应用必将深刻改变人们的生活和工作方式，而如何提高复杂环境图像识别的准确率和效率成为应用突破的关键。

本书基于复杂环境非约束图像人脸分析和场景识别的基本方法和技术，主要介绍复杂环境人脸识别分析（包括人脸特征点定位、头部姿态估计、表情识别）和遥感影像场景识别（场景分类和检测）两个应用领域。图像识别作为一个多学科领域，从多个学科汲取营养。这些学科包括统计学、机器学习、计算机视觉、模式识别、人工智能、可视化技术、遥感影像处理及数字图像处理。我们提出复杂环境图像识别的技术，关注其在真实应用场景下的可行性、有用性和可伸缩性问题。因此，本书不作为计算机视觉、机器学习或人工智能等其他某领域的导论或基础学习教材，而是定位于研究计算机视觉、非约束图像识别、人脸识别和场景理解等领域的研究生或相关研究同行阅读，以便读者能更好地理解和应用于其研究领域。对于计算机科学的学生、应用开发人员、行业专业人员及涉及以上列举学科的研究人员，本书应当有积极作用。同时，本书所研究和提出的方法均可以扩展和迁移到其他视觉任务，并进行相应的改进和扩展。

本书主要关注复杂环境人脸分析和遥感场景识别中的难点和问题，包括以下两大方面。

一方面，我们研究自然环境下的非约束人脸识别，包括精确人脸定位、头部姿态估计、自发表情识别。在人机交互中，人脸识别是研究和理解人类行为的关键。非约束场景下的背景复杂、光照变化、姿态遮挡、表情变化、运动干扰等，以及小数据训练带来的过拟合问题等，使得这些任务非常困难。本书主要研究基于条件迭代随机森林的人脸特征点精确定位，基于 Dirichlet 增强随机森林的头部姿态估计和基于深度增强随机森林的自发表情识别，解决非约束环境下的小数据集训练问题，提高定位和识别的精度。

另一方面，我们关注复杂环境下的高分辨率遥感影像识别。高分辨率遥感影像场景分类是实现复杂场景快速自动识别的基础，在军事、救灾等领域有十分重要的意义。为了在有限的遥感数据集上获得高识别精度，我们提出一种基于联合多尺度卷积神经网络模型的高分辨率遥感影像场景分类方法。不同于传统的卷积神经网络模型，基于联合多尺度卷积神经网络模型建立一个三个尺度、三个通道的端对端多尺度联合卷积网络模型，包括多通道特征提取器、多尺度特征联合和 Softmax 分类三个部分。实验表明基于联合多尺度卷积神经网络模型在高层特征表达能力和计算速度方面都有显著提高，在小样本数据量下分别达到 89.3%和 88.3%的识别精度。另外，为了更好地表达场景信息，我们还提出融合局部和全局深度特征的词袋模型，很好地解释和描述场景特征，提高场景识别的精度。

本书是作者在图像处理和计算机视觉领域多年研究工作的系统归纳总结，其中大部分内容已经在国内外刊物上发表。本书由刘袁缘主笔和统稿，方芳副教授参与讨论并提出宝贵意见，多名研究生在前期研究和本书写作过程中做出辛勤工作，包括龚希、张香兰、彭济耀等，在此表示衷心感谢。

在本书研究与写作过程中，得到多位老师的指导和帮助，包括中国地质大学（武汉）谢忠教授、周顺平教授、罗忠文教授、郭明强副教授、刘郑老师，华中师范大学国家数字化学习工程技术研究中心陈靓影教授，美国 University of North Texas 的袁晓辉教授，中国科学院计算技术研究所山世光研究员等，由衷表示诚挚的谢意。

本书内容的研究得到多个项目的资助，包括国家自然科学基金青年科学基金项目“多噪声下基于深度增强随机森林的自发表情识别研究”（61602429）、中国博士后科学基金面上资助项目“面向多姿态和遮挡条件下的自发表情识别研究”（2016M592406）和中央高校基本科研业务费专项资金新青年教师启动资金项目等。

由于作者水平有限，书中不足在所难免，疏漏之处敬请各位专家、同行不吝指正。关于本书的任何建议和评判，请发送至作者邮箱：liuyy@cug.edu.cn。

作　者

2018 年 5 月 20 日于武汉

目　　录

第1章　绪　　论

1.1　为什么要做图像识别

移动互联网、智能终端和计算通信技术的发展，带来了海量图像信息的采集、处理、存储和传播。根据资料统计，Instagram 网站每天图像上传量约为 6 000 万张，腾讯 QQ 每日的图像发送量为 5 亿张，微信朋友圈每天上传处理的图像约为 10 亿张，交通和智能监控等抓拍图像每天不计其数。不受地域和语言限制的图像逐渐取代了烦琐而微妙的文字，成了社交媒体的主要媒介，社会生产生活的主要表达方式。

图像成为互联网时代中的主要信息载体，难题也随之出现：我们很难快速对图像的关键信息进行检索和理解。图像带来了快捷的信息记录和分享方式，却降低了信息理解和检索效率。在这个环境下，计算机的图像识别技术就显得尤为重要。

图像识别指的是通过计算机自动对图像进行处理、分析和理解，以识别各种不同模式的目标和对象的技术。识别过程主要包括图像预处理、图像分割、特征提取和模式匹配。简单来说，图像识别就是让计算机像人一样理解图像内容。百度公司创始人李彦宏曾说过“全新的读图时代已经来临”。随着图像识别和计算机、机器学习技术的不断进步，越来越多的工业界和学界都开始涉及图像识别领域。复杂环境非约束图像识别正是图像识别领域的难点和研究热点，并且将引领我们进入更加智能的未来。

图像识别的发展大体经历过两个阶段：图像识别初级阶段和图像识别高级阶段。图像识别的初级阶段以娱乐化和工具化为主。例如，百度魔图的“明星配对”功能，可以找到与用户长相最匹配的明星脸；美图秀秀的美颜功能，可以自动美化和美妆用户照片；北京旷视科技有限公司的 VisionHacker 移动游戏工作室，采用图像识别技术开发了移动终端的体感游戏等。在这个阶段，图像识别技术仅作为我们的辅助工具存在，为我们自身的人类视觉提供了强有力的辅助和增强，带给了我们一种全新的与外部世界进行交互的方式。我们通过人脸识别技术解锁智能手机、快捷支付，就像前机器学习专家余凯所说，摄像头已经成为连接人和世界信息的重要入口之一。在这一阶段中，图像识别技术成熟，然而却往往受拍摄图像的质量、实验环境、光照等各方面的约束和影响。复杂环境下的光照变化、姿态运动、遮挡等非约束因素的影响，往往使得识别性能下降。

图像识别的高级阶段就是复杂环境下的非约束机器视觉，让机器在不同的复杂环境中都拥有像人类视觉系统一样的识别能力，不再受到环境等各种约束因素的影响。人类视觉系统具有天然的识别能力和调节能力，可以在不同环境和非约束因素的影响下，很好地感知和理解外界。视觉是人类最重要的感觉器官，而机器视觉对于人工智能的意义就是视觉对于人类的意义。其中，决定着机器视觉的就是图像识别技术。当前，许多科技巨头，如脸书（Facebook）、谷歌、微软等，都开始了机器视觉和人工智能的布局。人工智能专家 Yann LeCun 最重大的成就就是在图像识别领域，他提出深度卷积神经网络（deep convolutional neural network，DCNN），成为通用图像识别领域最有效的方法之一[1]；曾经的机器学习专家 Andrew Ng 教授的研究方向就是人工智能和图像识别，并开始着手大力部署无人车的视觉系统①。可见，在图像识别的高级阶段，科学家致力于开发具有人工智能的非约束机器视觉，使其能更加理解世界，代替人类完成更多的任务。

综上所述，目前我们正处于从图像识别的初级阶段迈向图像识别的高级阶段的过程，越来越多的研究者和科技公司开始关注复杂环境非约束图像识别。非约束图像中的人脸信息和场景特征是图像最重要的语义信息，是理解和分析图像表达的关键视觉线索，是完成图像识别和分析的关键。因此，研究复杂环境中非约束图像的人脸分析和场景识别是完成图像识别初级阶段向高级阶段的突破口，是实现人工智能和机器视觉的关键。

1.2 复杂环境非约束图像人脸识别

人脸识别是非约束图像识别的一个重要分支。在计算机视觉领域内，人脸识别技术就是机器通过对人的面部进行图像分析，识别其身份、表情、性别、头部朝向、属性等功能的技术，这里的机器是指计算机或光学装置、非接触传感器等嵌入式设备。近二十年来，人脸识别技术受到了越来越多的专家和学者的关注，围绕这一技术的科学研究、产品开发和应用也越来越广泛。人脸识别系统的主要功能包含人脸检测、身份识别、人脸特征定位、头部姿态估计、人脸表情识别和人脸属性分析。

随着宽带网络通信技术、视音频压缩技术和大规模存储技术的发展，人脸识

① http://www.andrewng.org/

别已大量应用在教育、科研、广播电视、安防、商业及消费领域。人脸识别在传统上的应用包括人脸的辨认和确认，如访问控制、执法及安防等。随着计算机计算和存储能力的提高、网络技术的发展，人们开始追求更高的人脸识别技术带来的生活生产便利。例如，人脸识别技术将会在人机接口、虚拟现实、情感交互、机器人、数据库检索、多媒体、娱乐等一些新的领域得到广泛的应用。然而，在这些应用中，对人脸识别的要求非常高，应用场景非常复杂，使得人脸识别变得非常困难。例如，复杂环境中的人脸形变、复杂背景、光照变化、前景遮挡和低分辨率图像质量等噪声影响。

随着人工智能和高性能技术的发展，人们对人脸识别的研究已经开始从实验室走向复杂的非约束环境，从娱乐化需求到机器视觉和自然人机交互需求。相关研究表明，人脸识别的相关技术在人工智能和人机交互的许多应用领域中都具有非常重要的意义，如智能移动机器人、虚拟现实、疲劳驾驶监控、人脸签到、视觉注意力识别、智能娱乐和游戏等。

1. 智能移动机器人

智能设备和电子科技的发展使得计算机视觉、智能控制和智能传感器技术在近年来发展非常迅速。移动机器人的智能化水平也得到了很大的提高，越来越多的机器人模仿和支持人类的各项行为能力。其中，头部姿态估计的技术使得机器人可以模仿人类的头部运动或者对人类的头部姿态进行分析理解，通过对不同姿态的行为进行分析做出不同的反应能力。目前，已经出现了机器人护士、机器人服务员等智能化水平较高的智能仿生机器人，可以通过对人脸进行面部分析，分析人类情感，并做出相应的反应，给人类的生活智能化带来了极大的提高。

2. 虚拟现实

虚拟现实指的是利用计算机技术建立一种虚拟的世界，同时可以达到真实世界的感官体验。它主要是利用计算机视觉的三维技术和多种信息融合（声音、触摸等），产生一种类似于实体空间的交互式的仿真系统。人脸识别技术中的姿态估计、特征点定位和属性分析可以让环境产生更加自然的交互，提高用户体验。

3. 疲劳驾驶监控

疲劳驾驶现象是目前广泛存在的一种危险驾驶现象，是指驾驶员在长时间驾车后所产生的心理和生理机能下降，而导致注意力不集中或者混沌的驾车状态。近年来，疲劳驾驶导致的交通事故越来越多，而通过监控司机的眼睛开合度及头部姿态可以有效地判断司机是否处于疲劳驾驶状态，并对司机进行监控和报警，提醒司机该休息了，可极大减少因疲劳驾驶而产生的交通事故。

4. 人脸签到

人脸签到是近年来计算机视觉技术的热点，已经广泛应用于国防监控、工作考勤、电子支付等领域。而现有的人脸识别技术大多要求被识别者在一定的约束条件之内，如必须正脸且无遮挡等。然而，在复杂的非约束环境中，如变化的光照、变化的头部姿态、变化的表情等都让识别变得困难。头部姿态和表情的准确识别可以对不同姿态和表情下的人脸进行校正，从而大大提高其在不同环境下的识别率。

5. 视觉注意力识别

视觉注意力一般是指判断和跟踪眼球的注视方向和注意力焦点。研究表明，人的头部姿态方向和其视觉注意力方向有着非常紧密的联系。一般来说，视觉注意力方向同时受到头部姿态和眼球转动方向的影响，而头部姿态在很大程度上决定了人的注视方向。在一些应用场景中，当图像分辨率比较低或者观察者佩戴眼镜时，最常用的方法则是通过人们的头部姿态方向来判断当前的视觉注意力方向。

6. 智能娱乐和游戏

近几年，娱乐和游戏也趋于智能化方向发展，用户体验的要求越来越高，传统的娱乐和游戏方式已经不能满足人们的需要。人脸识别技术可以增加用户在娱乐和游戏中的体验。在一些电子游戏中，通过估计和跟踪头部姿态及人脸面部表情来驱动人物的移动，如微软公司开发的 X-BOX。另外，越来越多的电影院或者智能电视可以根据观众的面部表情和姿态的运动情况动态调整周围环境的画面和音效，如华特迪士尼公司开发的电影乐园，通过识别观众的面部表情，分析观众的观影感受，增强观众的现场感官和娱乐体验。

可见，复杂环境人脸识别不但具有深远的理论价值，而且具有广阔的实际应用背景。

1.2.1 复杂环境人脸识别技术

在许多人工智能和人机交互系统中，复杂环境非约束人脸识别技术是研究人类行为的重要环节，是实现机器视觉的关键技术之一。然而，自然环境中的人脸形变、复杂背景、光照变化、前景遮挡和低分辨率图像等因素的影响，使得复杂环境人脸识别一直是一个富有挑战性的研究问题。人脸识别领域主要包括人脸检测、人脸跟踪、人脸特征点定位、头部姿态估计、表情识别和人脸属性检测等。图 1.1 是复杂环境人脸检测实例[1]。下面，我们对复杂环境人脸识别近年来的相关技术进行综述。已有的人脸识别方法一般可以归纳为四大类：基于模板匹配的方法、基于机器学习的方法、基于几何计算的方法和基于多算法组合的方法。

图 1.1　复杂环境人脸检测

1. 基于模板匹配的方法

基于模板匹配的方法，将人脸识别看作图像分类问题。首先必须标注几类图像作为模板集，在分类时，则是利用相关系数等数学方法将待估计图像和模板集中的标准图像进行对比，相关系数反映了两幅图像的相似程度，最后找到与模板集中最接近的类别作为估计结果。

基于模板匹配的方法的主要优点有：①模板库容易扩展；②不需要负样本和面部特征点（facial feature points），无须训练；③适用于高分辨率和低分辨的图像。

基于模板匹配的方法的主要缺点有：①只能估计数量有限的（离散的）几个头部姿态；②要求对头部进行精确的定位，否则难以在模板匹配时将待检图像块与模板对齐；③假设图像空间的相似性等同于姿态的相似性，而这种假设在实际情况下通常得不到满足；④随着模板库容量的扩大，运算量线性增长，实时性差。

2. 基于机器学习的方法

基于机器学习的方法主要采用统计学和机器学习方法，通过训练分类器或回归模型对人脸图像进行分类和回归。识别时，采用训练好的分类器或回归模型分别对测试图像进行分析，然后采用机器学习的相关评价方法对结果进行评估，最后选择最佳的分类器的估计结果作为当前图像的识别结果。文献[2]中给出了使用三个支持向量机（support vector machine，SVM）分类器阵列来估计水平方向的三个离散角度。最近很多系统训练五个 FloatBoost 分类器来处理大场景下的多个摄像机的头部姿态估计[3]。文献[4]中，级联的多个随机森林分类器分别在竖直和水平两个自由度上估计头部姿态，对于非约束环境有鲁棒效果。

基于机器学习的方法的主要优点有：①可以通过机器学习的方法忽略与姿态无关的外观差异；②适用于高分辨率和低分辨率的图像；③根据应用需求可以分类离散图像类别或回归连续结果。

基于机器学习的方法的主要缺点有：①复杂环境和噪声影响，现有方法对人脸图像识别的精度不高；②为提高识别精度，往往采用复杂集成分类器或者深度学习技术，随着模分类器个数的增加，运算量线性增长，算法实时性受到考验。

3. 基于几何计算的方法

基于几何计算的方法主要是利用人脸关键部位（如眼角、鼻角、嘴角等）的角度和人左右半脸的不对称度，通过特征点的几何分布、位置和几何约束关系等识别和分析人脸图像（图 1.2）。基于几何计算的方法识别，不仅使用了头部模型，还使用了精确的特征定位，使得准确度比较高。该方法的诱人之处还在于它直接利用人脸的关键特征。早期的研究方法都聚焦在一系列特征定位上。几何计算的构造方式有很多种，典型的有五点型的，即两只眼睛的外角、两个嘴角和鼻尖[5]。脸部的中心轴则是通过连接眼角连线和嘴角连线的中点得到。几何关系则主要运用了眼角、嘴角、鼻尖到中心轴的角度、中心轴的长度等。几何估计受人脸信息和图像质量、环境因素的影响较大。

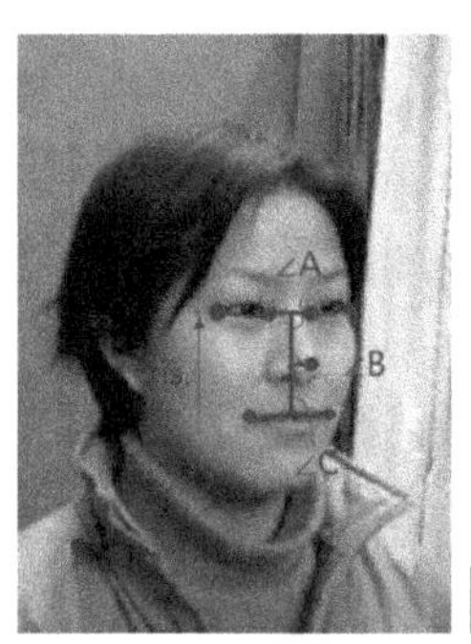

图 1.2 基于几何计算的方法

基于几何计算的方法主要优点：①可以提供精确的连续（非离散）的头部姿态估计和人脸识别；②简单、计算快速。

基于几何计算的方法主要缺点：①需要标注面部特征点，而且对特征点定位的精度要求较高；②仅适用于高分辨率图像。

4. 基于多算法组合的方法

基于多算法组合的方法即采用上述两种或两种以上的方法进行人脸识别。例如，结合分类阵列和几何跟踪的方法，在初始化跟踪的时候或者由于遮挡跟踪丢失时，采用分类器阵列选择人脸运动的初始方向，然后用跟踪方法进行帧间跟踪，如光流、自回归模型等。

近年来，许多研究者加入复杂环境人脸识别研究中。基于机器学习和深度学习的人脸识别越来越受到研究者的关注。例如，在人脸身份识别任务上，文献[6]提出了用于人脸表示的两个被称为 DeepIDS 的深度神经网络架构，这两个架构是在 VGG（Visual geometry group）网络和 GoogLeNet 网络所提出的卷积起始层之上重建得到的，重建之后能够很好地适应人脸识别。在训练的过程中，在中间和最终的特征提取层上加入联合人脸鉴别-鉴定监督信号，这两个架构在 LFW（labeled faces in the wild）数据集上达到了 99.53%的鉴定率和 96%的 Rank-1 识别率。在人脸特征定位任务上，文献[7]利用 SVM 和文献[8]利用神经网络回归定位人脸特征点位置，精度较高，但是算法复杂度高，实时性差。同时，精度和训练样本的数量成正比，当训练样本增加，也会带来分类器计算过高。Yang 等[9]提出结构输出森林来定位人脸上的关键特征点位置，人脸特征点检测模型是在不同头部姿态的条件下训练的，在自然环境状态下平均准确率可达到 81%。在姿态估计任务上，Fanelli 等[10]提出了随机回归森林用于深度图像的实时头部姿态估计，平均准确率可以达到 85%。文献[11]则将霍夫投票引入到随机回归森林中，回归得到头部姿态的角度，在低分辨率的图片中取得较好的结果。在人脸检测任务上，Hu 等[1]提出多尺度卷积神经网络，在自然场景的微小人脸检测中取得 82%的平均精确度（average precision，AP）。在自发表情识别任务上，文献[12]采用了基于局部二值模式（local binary pattern，LBP）特征来识别表情，该方法对图像分辨率的要求相对较低，鲁棒性较高，对于人为表情识别效果较好，然而对于自发的细微表情识别率较低。

可见，为了在复杂环境中对人脸进行识别，研究者多采用了基于统计学习的方法来应对自然场景中的分辨率低、光照变化、姿态变化、表情变化等的影响。同时，为了提高识别结果，还提出了基于深度学习和几何方法的多算法组合的方法，可以实现较高的精度，但时间复杂度较高。

1.2.2　复杂环境人脸识别面临的挑战

研究复杂环境人脸识别是研究人类行为、实现自然人机交互及智能化课堂教学管理系统的关键。目前，常用的人脸识别方法，根据选择的特征不同，一般分为基于局部特征的方法和基于全局特征的方法。基于局部特征的方法指的是依赖于人脸的局部点特征的定位，需要先检测和定位人脸关键特征点的位置，如眼睛的内外角点、眉毛特征点、鼻尖点和嘴巴的内外角点等。该类方法在高精度的系统和人脸的高分辨率图像的情况下可以取得较高的估计结果。在复杂的自然环境下，往往很难获取到人脸的高分辨率图像，人脸特征点的定位方法容易失效，约束性较大。后者基于全局特征的人脸识别方法则是对人脸的整体区域的特征进行分析，对于大部分自然场景中的低分辨率的人脸像有较好的估计效果。目前，基于全局特征的人脸识别方法主要采用的是基于统计学习的算法，如相关模板匹配、人工神经网络（artifical neutral network，ANN）、支持向量机、随机森林（random forest，RF）、深度学习（deep learning，DL）等。近年来，已有的研究结果和算法对于约束条件下的人脸识别已经取得了比较理想的结果，但是非约束的复杂环境中的人脸形变、复杂背景、光照变化、前景遮挡和低分辨率等因素的影响，使人脸识别一直是计算机视觉的难点问题。

因此，解决非约束复杂场景下的人脸识别问题，目前存在的难点主要体现在以下几个方面。

1. 头部姿态的多自由度估计

自然场景下的多自由度估计一直是头部姿态的难点问题。头部姿态一般包含三个选择方向的自由度，水平转动（yaw）、竖直转动（pitch）、左右偏向（roll）。在自然场景中，人类在这三个自由度方向上的旋转变化并不是独立的，而是相互关联或互相影响的。例如，水平自由度上的转动会使得竖直方向转动的偏移角度减弱，在估计的时候水平方向的估计结果会影响竖直方向的结果等。在现有的姿态估计算法中，大多是在三个自由度上进行并行独立估计，忽略了它们各自的关联，使得估计在竖直和左右偏向上难度加大。

2. 人脸检测的困难

人脸检测是人脸识别的第一步，它的准确率直接影响识别准确率。人脸检测方法早期多采用 Adaboost 的人脸检测器，其通过提取 Haar-like 特征进行级联分类器的训练，其在头部姿态角度 30°范围内的人脸检测效率可以达到 90%以上。通常，检测到的头部区域会包含许多背景信息，而这些信息对姿态的分类并没有积极的影响，会使得姿态估计率降低。另外，大场景下的头部姿态角度范围为水平旋转角度为−90°～90°，竖直旋转角度为−90°～90°，大姿态变化使得头部定位也变得困难。最近，人脸检测主要采用深度学习算法，然而其依赖于大量的标注样本，训练成本高，受到了计算资源和样本的影响。

3. 数据集标准的不统一

基于模式识别的方法进行人脸识别，数据集是估计结果的标准，对于识别估计结果的影响不言而喻。目前公共的人脸数据集，多是在实验室的约束环境下采集的，和实际场景下的数据存在一定的差异。这些都将导致人脸识别结果的误差。

4. 特征提取的困难

人脸的特征提取一般有基于全局模型特征和局部表观特征。基于全局模型特征的计算往往容易受噪声的影响，如光照、表情、变化的姿态、人脸检测的尺度大小、遮挡问题等，对姿态估计影响较大。局部表观特征提取的是人脸的高维特征，如局部区域的特征点等。该类特征虽然能带来较好的人脸分析结果，但是提取局部表观特征对图像的质量要求较高。大场景下的人脸图像分辨率往往较低，局部表观特征的提取往往比较困难。

5. 多人的遮挡和位置的影响

利用单目摄像机来进行多人人脸识别，由于无法获取场景中不同位置的人和摄像机的深度距离信息，人脸相对于摄像机的三维位置会直接影响估计的结果。在自然环境中，人脸遮挡使得人脸表情特征的自动提取非常困难，直接影响了自发表情识别的准确率。

1.3　复杂环境高分辨率遥感影像场景识别

随着遥感传感器技术和制图技术的发展，遥感影像从质量和数量上都有极大的提升，大量高分辨率遥感影像可被应用于国土规划、工程建设、军事计划及抢险救灾等领域。高分辨率遥感影像即空间分辨率在 10 m 以下的遥感影像，它包含丰富的场景语义信息。组成地物的多样性和空间分布的复杂性也造成高分辨率遥感影像语义信息难以有效提取。高分辨率遥感影像场景分类是对遥感影像的有效解译，而场景识别的核心是影像场景特征的提取。如何有效地对高分辨率遥感影像场景进行表达及识别也是当前极具挑战的课题。

关于遥感影像研究通常是以遥感影像分类作为手段实现的，因此如何高效地解决复杂场景下的遥感影像识别问题是遥感影像研究领域的关键。遥感影像识别是遥感影像处理的一个重要部分，其基本任务是从遥感影像中自动提取特征，通过特征学习进行场景分析和分类，它贯穿于遥感影像的获取、处理与分析、解译各阶段，在军事方面有着广泛的应用。在现代军事系统中，借助遥感影像的场景目标识别技术为作战部署提供重要的军事目标数据，如军事基地、港口、军舰、油田、兵营、桥梁等。图 1.3 为复杂环境中遥感影像场景目标识别实例。

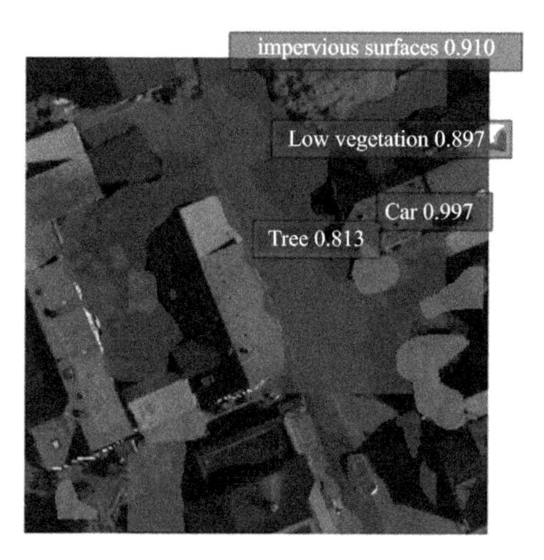

图 1.3　复杂环境中遥感影像场景目标识别

虽然借助计算机视觉和人工智能等技术已经开发出一些场景目标识别系统，但这些系统针对性较强，泛化能力较弱，再加上遥感影像中常常出现“同物异谱”和“同谱异物”的现象，因此，目前的复杂环境下遥感影像场景目标识别仍处于以目视为主，计算机视觉为辅的状态。研究鲁棒性和泛化能力更高的遥感影像场景目标识别技术，对提高复杂环境遥感影像场景目标识别准确率，更好地理解和识别图像语义，同时提高识别效率，降低人工参与和减少工作复杂度有非常重要的研究和实际应用意义。

1.3.1　复杂环境的遥感影像场景识别技术

近年来，人工智能科学得到了普遍关注和大力发展，而人工神经网络作为一种以模拟人脑映射为原理的遥感影像分类处理算法，也更被遥感领域的专家和学者所关注，相对于传统的以统计学基础为原理的分类方法，人工神经网络分类算法具有强大的自学习能力、容错能力、无须事先假设概率模型等特点。针对遥感影像场景识别技术，国内外学者做了大量的研究，根据现有的遥感影像识别方法不同，大致可分为基于特征判别的方法、基于传统机器学习的方法、基于深度学习的方法及基于霍夫（Hough）投票的方法。

1. 基于特征判别的方法

基于特征判别的方法首先设计一种或多种算子，用以描述待识别目标的局部和全局特征，然后采用特定的判别规则或测量函数来实现场景目标识别。早期方法主要通过全局统计信息如全局文理或颜色直方图对场景进行表达，这类基于低层特征方法易于计算但精度及使用范围受限。后逐渐发展出基于中层语义的模型，其中最为经典的是视觉词袋模型（bag of visual words，BoVW），它能快速达到较好的分类和识别效果，因此也产生不少基于 BoVW 的模型，如文献[13]提出的基于 BoVW 的影像表达方法（spatial pyamid matching kenel，SPMK）在不同尺度上分割图像并计算各尺度下的局部特征统计直方图。尽管基于 BoVW 的特征编码方法能取得不错的效果，但其采用的低层局部特征不可避免地会丢失一些信息导致效果的局限性，但这类方法主要是以每个像素值为数据来源，进行特征计算和编码，容易受遥感影像中不同的目标颜色、纹理和光照等影响，对复杂场景中同一类目标类别变化的适应能力较弱，鲁棒性较低。Yang 等[14]使用视觉词典，结合 BoVW，提出了一种空间共线核方法 SPCK++，其相比 BoVW 和 SPMK 精度更高，取得 77.38%的准确率。Zhao 等[15]将概率主题模型 LDA（latent Dirichlet allocation）用于场景分类，提出了 P-LDA 和 F-LDA，提高了 LDA 的分类精度。这些传统分类方法的关键在于分类器和人工特征提取。然而，在遥感场景影像中，复杂背景和尺度变化使得人工特征提取本身就是一个难点问题。

2. 基于传统机器学习的方法

基于传统机器学习的方法主要是将目标识别问题转化为目标分类或者回归问题，通过机器学习的方法从标定好的样本中训练分类器或回归模型来实现复杂场景图像目标识别。常用的机器学习方法包括 SVM、RF、ANN 和 DL 等。基于机器学习的方法通过大量样本的训练能克服所识别目标特征的变化影响，因此该类方法对图像中目标的颜色、纹理、光照、形状等方面的变化具有一定的适应能力。然而，传统机器学习方法的适应能力和抗干扰能力很大程度上依赖于人工特征的选取及训练库中样本的质量。Serrano[16]等利用贝叶斯网络（Bayesian network）集成颜色特征、小波纹理特征和先验语义特征对室内外场景影像进行分类。Yin 等[17]利用金字塔表达方法提取底层特征，并利用 SVM 和 K 最近邻域（K-nearest neighbor，KNN）完成场分类。

3. 基于深度学习的方法

近年来，由于深度学习技术不需要人工特征的选取，通过自动学习图像高层特征表达，受到了研究者的广泛关注。越来越多的研究机构和科技公司将深度学习技术引入到复杂环境下遥感影像场景目标识别中。卷积神经网络（Convolutional neural network，CNN）作为深度学习的模型之一，在大规模图像分类和识别中已经取得了巨大成功。CNN 通过卷积层在大规模训练中集中提取图像的中层特征，并通过反向传播算法在全连接层中自动学习图像的高层特征表达，最后采用 Softmax 函数对目标分类。相比传统机器学习方法，CNN 具有权值共享、模型参数少、自动高层特征表达和易于训练的优点，已经开始应用于复杂场景中的高分辨率遥感影像识别领域。例如，何小飞等[18]利用显著性采样提取影像显著信息块，再利用 CNN 提取高层特征，最后使用 SVM 进行场景分类。在文献[19]中，Li 等利用深度卷积网络在复杂场景遥感数据集上获得了较高的识别准确率。基于深度学习的场景图像识别，首先通过卷积层获得图像场景的隐藏抽象特征描述，其次通过全连接层获得高层抽象特征表达，最后通过 Softmax 或者 SVM 分类器进行最终目标识别。然而，由于深度学习训练所需要的模型参数较多，好的识别结果往往依赖于大量的标注图像构建训练集，同时还需要高性能计算显卡来进行计算。因此，基于深度学习的复杂环境高分辨率遥感影像的场景目标识别还需要考虑性能与效率之间的折中问题。

4. 基于 Hough 投票的方法

基于 Hough 投票的方法是在 Hough 变换的基础上，首先建立图像场景目标的局部结构和目标中心的空间关系模型。其次识别目标时，对每个待检测图像子块搜索与该图像子块局部结构最相似的目标模板。最后根据目标的局部结构与目标中心的空间关系对图像场景目标进行投票。采用多数胜于少数的方法，将投票数越多的位置，视为图像中有该目标的概率越大。基于 Hough 投票的方法由于对图像子块的每个局部结构进行独立投票，因此其对复杂背景的干扰有一定的抗干扰能力。然而对于远距离成像的复杂环境遥感影像，受光照、阴影和不同尺度目标变化的影响，复杂环境遥感影像场景目标识别仍然是一个具有挑战的研究课题。

1.3.2 高分辨率遥感影像场景识别面临的挑战

随着 IKONOS、QuickBird 等高分辨率遥感卫星的发射，高分辨率遥感影像相比原来中低分辨率的影像所包含的信息更加丰富。由于遥感影像场景中地物目标具有多样可变性、分布复杂性等特点，如何有效地对高分辨率遥感影像的场景进行识别和语义提取成为极具挑战的课题，已引起遥感学术界和计算机学术界的广泛关注。

同时，遥感影像的场景识别发展迅速，由人工提取图像底层、中层特征，再到利用深度学习自动获取高层特征，已经取得了不错的分类结果。但是还存在一些难点和挑战问题，主要包括以下几个方面：第一，人工提取特征只能解释一定信息量的数据，且受到环境、光照、遮挡等影响，对于信息量日益丰富的遥感影像数据的鲁棒性不高；第二，基于卷积神经网络的遥感影像场景分类研究中，良好的分类精度往往依赖于大量的训练数据，而在小数据集上容易出现过拟合问题；第三，不同于自然场景，遥感影像场景中的地物对象往往不集中在影像的中间区域而是分散分布，因而局部特征对遥感影像场景表达的意义，以及如何在复杂场景中获得有意义的局部信息表达，也是一个挑战问题。因此，为了突破遥感影像场景识别和理解，获得准确的图像语义信息，研究面向小数据集下的复杂环境高分辨率遥感影像识别，是未来重要的研究方向之一。

1.4　相关数据集

本节主要介绍人脸图像特征点定位、头部姿态估计和表情识别，以及遥感影像场景识别所使用和涉及的公共数据集。

1.4.1　人脸图像数据集

为了评估非约束环境（多姿态、遮挡等）的人脸图像特征点定位、头部姿态估计和表情识别结果，本书主要用到的公共人脸数据集包括 AFW（annotated facial landmarks in wild）数据集[20]、LFW 数据集[21]、Pointing’04 数据集[22]、CK+人脸表情数据集[23]和 BU-3DFE（binghamton university 3D facial expression）人脸表情数据集[24]。AFW 数据集和 LFW 数据集是两个自然环境下采集的人脸数据集。AFW 数据集包含了 478 张人脸图片，每张人脸图片已标注了 68 个特征点，图片中包含了大姿态变化和局部遮挡等。LFW 数据集包含 5 749 张不同个体的人脸图片，每张图片已标注了 10 个特征点，5 类水平头部姿态。LFW 数据集图片包括不同的姿态、光照、分辨率、表情、性别、种族等。Pointing’04 数据集是一个头部姿态估计的公共数据集，其包含 15 个人的 2890 张图片，每个人具有两种不同表情和 93 种不同的头部旋转角度。CK+数据集是应用最广的自发人脸表情数据集，它采集了 128 人的 6 种表情序列，每个表情包括 593 张图片。BU-3DFE 数据集是一个公共的多姿态自发表情数据集，该数据集采集了 100 个人的不同表情和姿态的二维和三维图像，包含不同的年龄、性别等。

1.4.2 遥感场景图像数据集

本书所使用的遥感场景图像数据集分别为UC Merced Land Use（UCM）数据集和SIRI-WHU谷歌影像数据集[25]。UCM数据集，选自美国地质勘探局（USGS）国家城市地图航空遥感影像，共21类（图1.4），每类包含100幅尺寸为256×256的遥感影像场景，空间分辨为1ft①，颜色通道为RGB。类别包括农田、机场、棒球场、沙滩、建筑、丛林、密集住宅区、森林、公路、高尔夫球场、海港、十字路口、中等住宅区、房车公园、天桥、停车场、河流、飞机跑道、稀疏住宅区、储油罐、网球场。

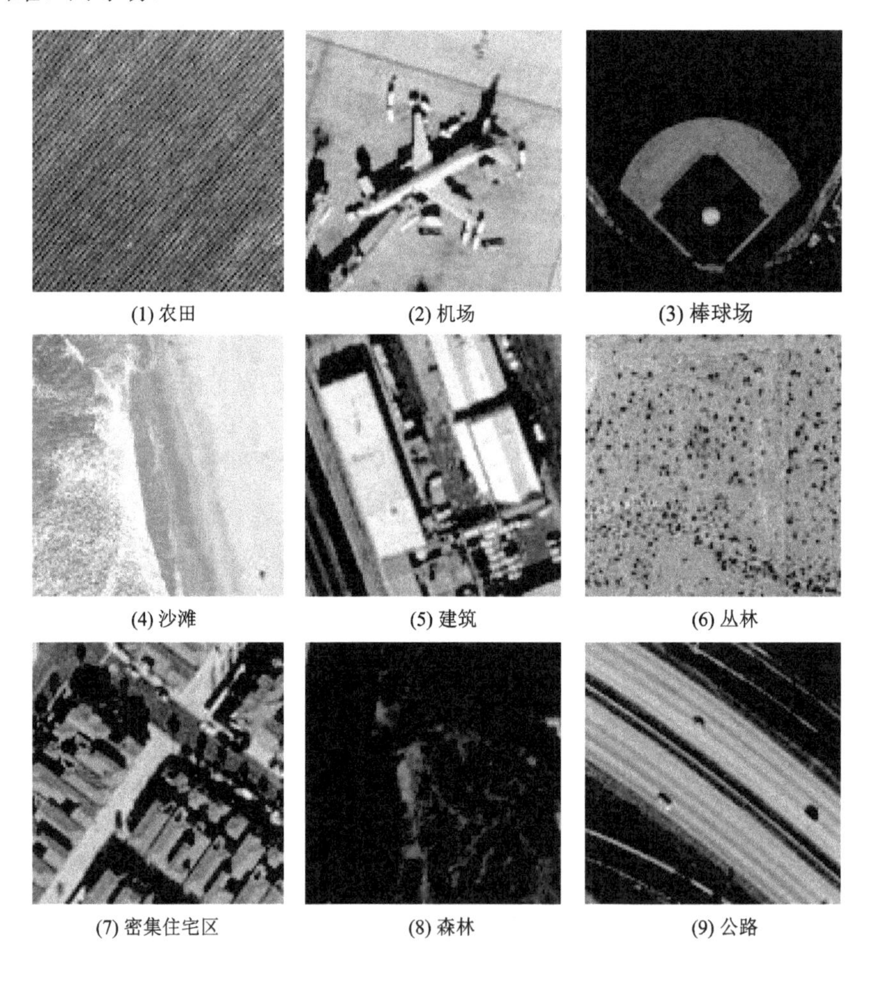

(1) 农田 (2) 机场 (3) 棒球场
(4) 沙滩 (5) 建筑 (6) 丛林
(7) 密集住宅区 (8) 森林 (9) 公路

① $1\text{ft}=3.048\times10^{-1}\text{m}$。

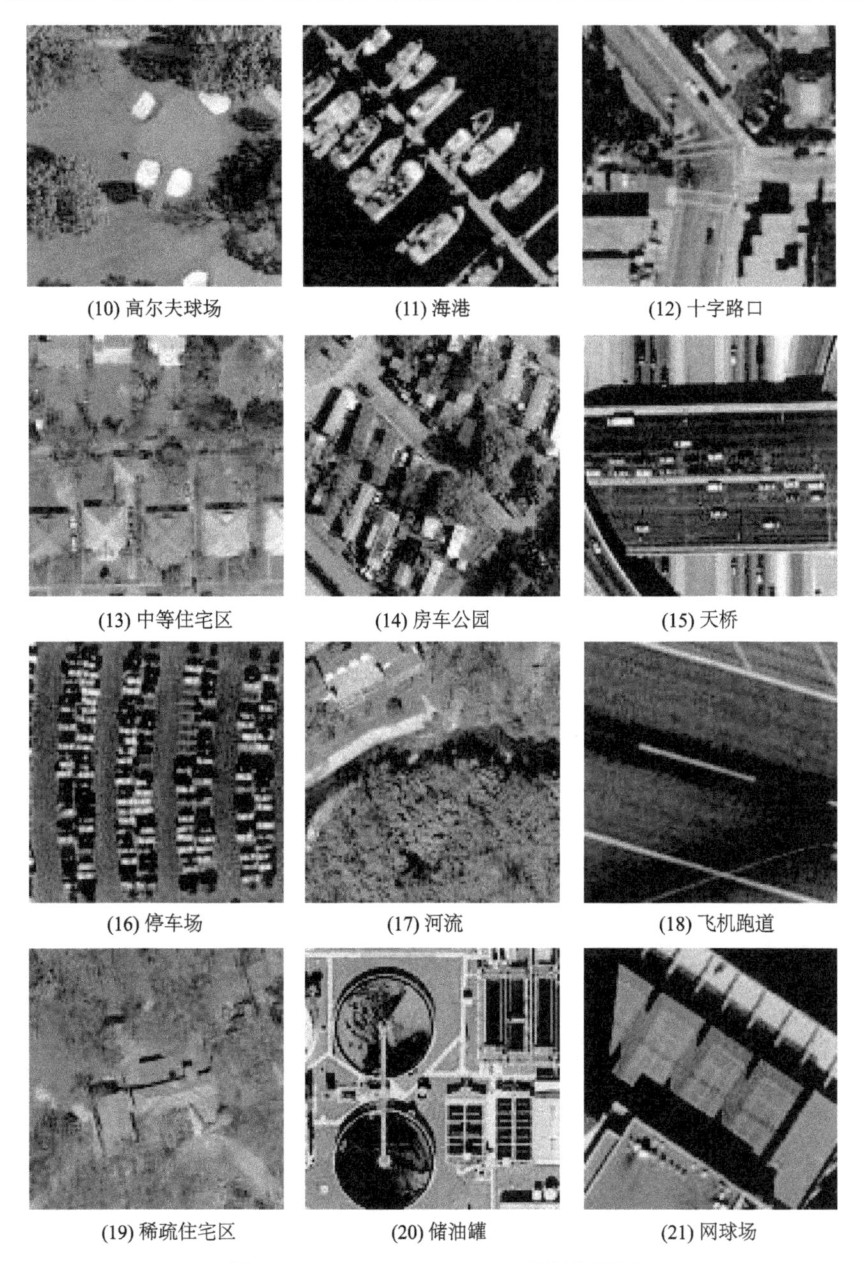

图 1.4　UC Merced Land Use 数据集图例

SIRI-WHU 谷歌影像数据集，选自 Google Earth 影像数据，主要覆盖中国的城市及周边区域，共 12 类，每类包含 200 幅尺寸为 200×200 的影像，空间分辨率为 2 m，总计 2400 张影像（图 1.5）。类别包括：农田、商业区、港口、裸地、工业区、草地、交叉路口、公园、池塘、居民区、河流、水面。

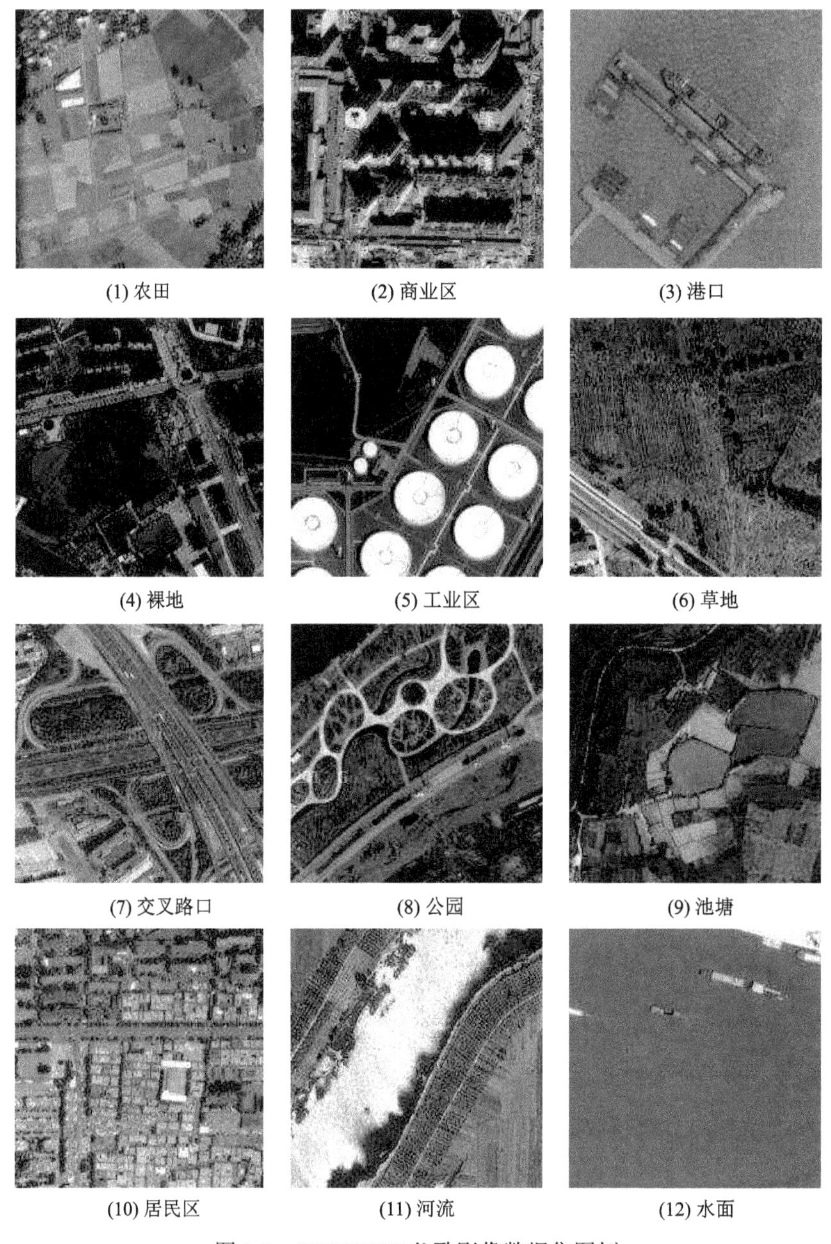

(1) 农田　(2) 商业区　(3) 港口
(4) 裸地　(5) 工业区　(6) 草地
(7) 交叉路口　(8) 公园　(9) 池塘
(10) 居民区　(11) 河流　(12) 水面

图 1.5　SIRI-WHU 谷歌影像数据集图例

1.5 本书内容

本书主要关注复杂环境非约束人脸识别和遥感场景识别中的难点和问题，详细介绍非约束环境中的人脸图像特征点定位方法、自然场景和大场景下的头部姿态估计方法、多视角变化下的自发表情识别方法、高分辨率遥感影像的场景分类和场景识别方法，并讨论该领域的应用和研究方向。下面是本书的主要内容和结构安排。

第 1 章，绪论。主要介绍什么是图像识别，本书的研究背景、主要任务、意义和挑战，最后介绍本书所用到的人脸和场景相关数据集。

第 2 章，非约束环境下的人脸特征点精确定位。为了解决非约束环境下的光照、姿态变化、表情等环境影响，主要介绍基于条件迭代更新随机森林在非约束环境下的非约束人脸特征点精确定位技术。在多个非约束的人脸公共数据集上的实验结果表明，本章所提算法在不同质量的图像上都有很好的估计准确率和鲁棒性。

第 3 章，自然场景中的头部姿态估计。主要介绍大场景下的基于混合特征和权重投票决策的头部姿态估计。为解决非约束环境下的光照、姿态变化、表情等环境影响，提出了基于 Dirichlet 树增强随机森林在非约束环境下的多类头部姿态分类估计。在多个头部姿态的公共数据集上的实验结果表明，本章所提算法在不同质量的图像上都有很好的估计准确率和鲁棒性。

第 4 章，多视角自发表情识别。提出一种基于条件深度网络增强决策森林方法对自然环境中的人脸自发表情识别方法——多视角深度网络增强森林。面向自然场景的自发表情事件，在小数据训练的前提下，提出兼顾准确率和效率的条件深度网络增强决策森林新方法。

第 5 章，多尺度高分辨率遥感影像场景分类。提出一种基于联合多尺度卷积神经网络模型的高分辨率遥感影像场景分类方法。不同于传统的卷积神经网络模型，建立了一个三个尺度、三个通道的端对端多尺度联合卷积网络模型，并在 UCM 和 SIRI 遥感数据集进行测试，实验表明本章所提出的模型在高层特征表达能力和计算速度方面都有显著提高。

第 6 章，多特征融合的复杂遥感场景识别。提出一种基于局部和全局深度卷积神经网络特征的词袋模型分类方法。它通过词袋模型将深度卷积神经网络提取的多个层次的高层特征进行重组编码及融合，充分利用包含场景局部细节信息的卷积层特征和包含场景全局信息的全连接层特征，形成对遥感场景的多角度高效表达，从而实现高分辨率遥感影像场景的准确分类。实验表明相比现有方法，本章方法在高层特征表达能力和分类精度方面都有显著提高，可以应对复杂环境遥感场景识别。

第 2 章　非约束环境下的人脸特征点精确定位

2.1 引　言

人脸特征点定位指的是在数字图像或视频中精确定位人脸关键特征点的位置，其一直是计算机视觉领域中研究和分析人脸的关键[26-27]。非约束环境下的人脸特征定位是智能系统中实现人脸识别、姿态估计、注意力和表情识别的重要环节。近几年，人脸特征点定位的大部分研究工作已经由约束环境向非约束环境转移，并取得了一定的研究成果[28-29]。然而，受非约束环境中的大姿态变化、复杂背景变化、人脸低分辨率和人脸遮挡等噪声影响，人脸多特征点定位仍是难点问题[30-31]。

从 20 世纪 80 年代开始，国内外已经有许多高校及科研院所致力于特征点定位的研究，如 University of Manchester，ETH Zurich，Carnegeie，清华大学，中国科学院，上海交通大学等，并取得了一定的研究成果。人脸特征点定位方法大致可以分为基于颜色信息的方法、基于先验规则信息的方法、基于几何形状信息的方法和基于统计学习的方法[31]。前三类方法在正面人脸图像上已经取得不错的成果，但对非约束环境中的大姿态变化、遮挡等问题的处理效果不佳。目前，对于一些非约束特征点定位方法的研究主要集中在基于统计学习的方法，主要包括 SVM、RF、CNN[32-33]、活动外观模型（active appearance model，AAM）和形状表观模型（active shape model，ASM）等[27, 34-35]。其中，RF[36-37]由于其快速处理数据的能力和高效的在线计算能力，最近被广泛应用于复杂场景中的人脸特征点定位[38-39]。在复杂场景中，头部姿态校正和遮挡检测是人脸特征准确定位的关键[40-41]。Dantone 等[39]提出 C-RF，通过估计头部水平运动的 5 个方向作为特征定位的先验条件，在 LFW 数据集上达到 81%的定位准确率。Fanelli 等[40]使用 RF 进行三维人脸特征点定位，在 Kinect 的深度数据集上获得了较高的准确率。Ren 等[37]在 RF 中引入了一种高效的局部二进制特征，将检测速率提高 3000 帧/s。这些方法在一定程度上降低了非约束环境中的噪声影响，然而大姿态变化和局部遮挡等多噪声使得其对精确定位仍有一定的影响。

为了减少大姿态变化和局部遮挡的影响，本章改进了传统 RF，提出了条件迭代更新随机森林方法（conditional iteration updated random forest，CI-RF），有效地提高了非约束人脸特征定位的准确率和鲁棒性。本章主要创新点在于：首先，为了克服遮挡和背景噪声的影响，对人脸子区域进行分类，提取人脸正子区域；其次，在人脸正子区域上估计头部姿态，根据估计的头部姿态和人脸局部子区域学习特征点的初始化条件概率模型，定位人脸特征点的初始位置；再次，依据特征点的初始位置建立人脸误差偏移模型（error offset model，EOM），利用 EOM 在线学习并多次迭代更新 RF 的叶子节点，生成新的复合叶子概率模型，包括人脸子块类别、头部姿态、人脸形变模型（face deformation model，FDM）、EOM；最后，引入条件权重稀疏投票方法对复合叶子概率模型进行回归，定位人脸特征点的精确位置。在 AFW 数据集、LFW 数据集和 Pointing'04 数据集三个公开的自然环境下的人脸数据集上进行人脸 10 个关键点定位和评估，从实验结果看，CI-RF 比最新的人脸定位方法具有更高的准确率，在非约束环境下对大姿态变化和人脸局部遮挡等噪声具有更好的鲁棒性。

2.2　基于 CI-RF 的非约束人脸特征点精确定位

2.2.1　方法概述

图 2.1 描述了基于 CI-RF 的非约束人脸特征点精确定位过程，可见通过初始化定位和迭代定位两个过程，可以精确定位特征点位置。

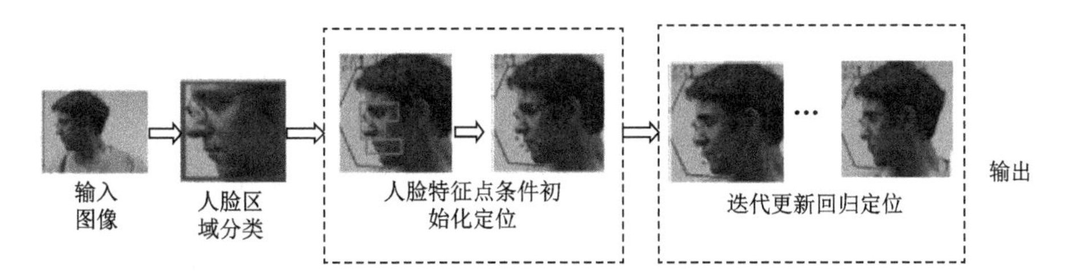

图 2.1　基于 CI-RF 的非约束人脸特征点精确定位

首先，为了减少背景和人脸遮挡的影响，在 CI-RF 的顶层对人脸、背景和遮挡子区域进行提取和分类，如图 2.2（a）所示。其次，CI-RF 再分别初始化和精确定位人脸特征点位置，如图 2.2（b）和（c）所示。在多类头部姿态和人脸局部子区域的级联条件下，初始化 CI-RF 定位人脸特征点的初始位置。多姿态估计结

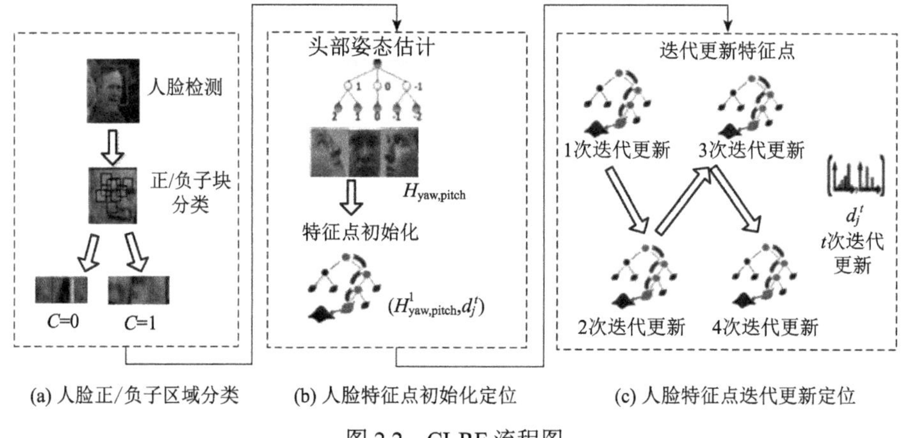

图 2.2　CI-RF 流程图

果 $H_{\text{yaw, pitch}}$ 作为人脸特征点定位的先验条件，人脸特征点的初始后验概率将在该阶段[图 2.2（b）]的底层通过多个概率模型回归得到，即

$$\begin{cases} H_{\text{yaw,pitch}} = \underset{H_{\text{yaw,pitch}}}{\arg\max}\, p(H_{\text{yaw,pitch}} \mid \boldsymbol{P}_i, c) \\ d_j^{\,1} = \underset{d_j^1}{\arg\max}\, p(d_j^{\,1} \mid H_{\text{yaw,pitch}}, \boldsymbol{P}_i, c) \end{cases} \tag{2.1}$$

式中：$\boldsymbol{P}_i$ 为人脸子区域块特征集；c 为人脸子区域块的正/负类别；$d_j^{\,1}$ 为第 j 个人脸特征点的初始位置。人脸特征点迭代更新定位如图 2.2（c）所示，基于初始位置和 EOM 学习和更新 CI-RF，迭代 t 次后回归人脸特征点的精确位置：

$$d_j^t = \underset{d_j^1}{\arg\max}\, p(d_j^t \mid H_{\text{yaw,pitch}}, d_j^{t-1}, \boldsymbol{P}_i, c), \quad t = 2,3,\cdots,n \tag{2.2}$$

2.2.2　人脸正/负子区域分类

如图 2.3 所示，使用多姿态下训练的 Viola&Jone 人脸检测器[42]进行人脸区域提取，其包含了一定的噪声。为了减少非约束环境中噪声对特征点定位的影响，将提取的人脸区域分为两个子区域类，人脸正子区域类和人脸负子区域类。人脸正子区域类是去除噪声的人脸区域，对人脸特征定位有积极的影响；人脸负子区域类指的是背景区域、头发、墨镜等局部遮挡区域。

人脸正/负子区域分类过程如图 2.4 所示。首先，对检测到的人脸区域进行预处理，随机提取 200 个不重叠的子块，并提取 4 个尺度和 8 个方向下的 Gabor 特征符。其次，通过 RF[38]离线训练人脸正/负子区域类模型 T。当测试子区域 P 通过训练的 RF 模型 T 到达其叶子节点 lT 时，用存储在叶子节点的概率密度 $p(c|l_T(P))$

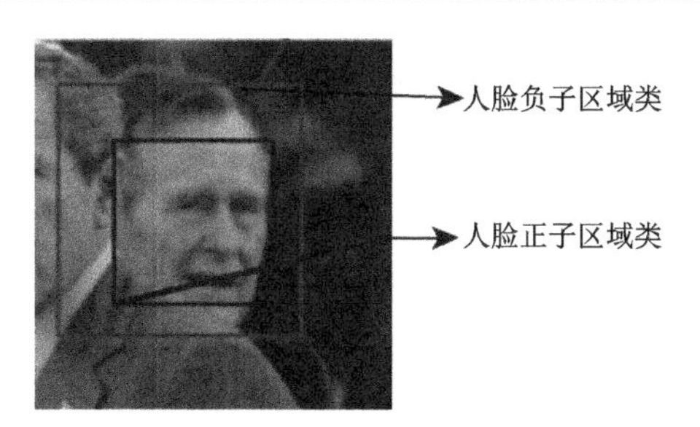

图 2.3　人脸正子区域类和人脸类负子区域类

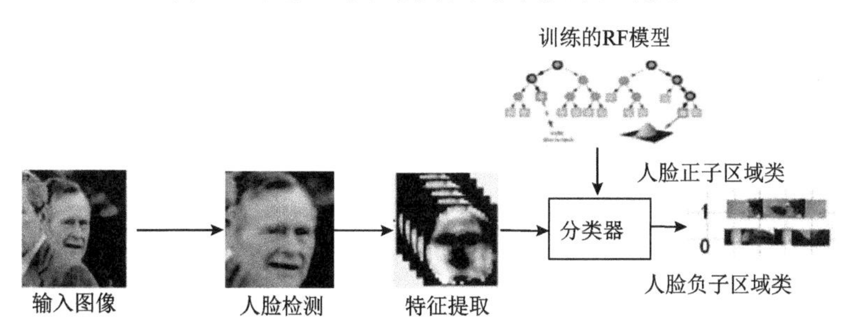

图 2.4　人脸正/负子区域分类

预测子区域 P 的类别。最后，分类得到的人脸正子区域块 $\{P|c=1\}$ 用于人脸特征点定位。

2.2.3　初始化人脸特征定位

为了训练人脸特征定位的初始化 CI-RF 模型，首先对分类得到的人脸正子区域块提取复合特征集 $\boldsymbol{P}_i=\{(\boldsymbol{X}_i;H_i,\boldsymbol{D}_i|a_f)\}$。其中，$\boldsymbol{X}_i=(x_{i1},x_{i2},x_{i3})$ 为多通道纹理特征，包括 Gabor 特征、LBP 特征及子块的灰度特征；$H_i=\{\text{Yaw},\text{Pitch}\}$ 为头部姿态类的标注；$\boldsymbol{D}_i=(d_{ji},E_j)$ 为用于特征点回归的几何特征集，d_{ji} 为每个人脸子块中心到每个特征点的偏移距离，E_j 为每个特征点到人脸中心点 F 的偏移位置：

$$\begin{cases}d_{ji}=n_j-d_{p_i}\\E_j=n_j-F\end{cases}\quad j=1,2,\cdots,N \tag{2.3}$$

式中：d_{p_i} 为第 i 个人脸子块的中心点位置；n_j 为第 j 个特征点的位置。

组合特征集中的人脸几何特征如图 2.5 所示。

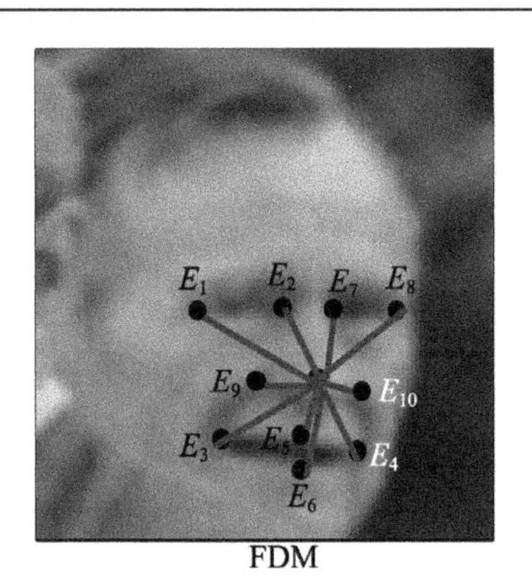

图 2.5　组合特征集中的人脸几何特征

CI-RF 中的每棵树 T_t 的建立都是在相关特征数据集中随机训练而成的，其中 $T=\{T_t\}$。每棵树生长为一个由二进制测试分裂子节点到叶子节点的过程。定义二进制测试 φ 为

$$\varphi=\left|\boldsymbol{R}_1\right|^{-1}\sum_{j\in R_1}\boldsymbol{X}_y(q)-\left|\boldsymbol{R}_2\right|^{-1}\sum_{j\in R_2}\boldsymbol{X}_y(q) \tag{2.4}$$

式中：$\boldsymbol{R}_1$ 和 $\boldsymbol{R}_2$ 为人脸子区域中的两个随机选取的矩形子块；q 为人脸子区域块的像素点；$\boldsymbol{X}_y(q)$ 为不同纹理特征通道，包括基于 Gabor 特征、LBP 特征和灰度特征；y 为特征通道参数。

最大化信息增益选择最佳分裂，使得人脸子区域块的特征集 $\boldsymbol{P}$ 分裂成两个子集 $\boldsymbol{P}_L$ 和 $\boldsymbol{P}_R$，

$$\begin{cases}\boldsymbol{P}_L=\{\boldsymbol{P}|\varphi<\tau\}\\ \boldsymbol{P}_R=\{\boldsymbol{P}|\varphi>\tau\}\end{cases} \tag{2.5}$$

$$\varphi=\arg\max_{\varphi}(H(\boldsymbol{P}\mid\boldsymbol{D}_i,H_i,a_f)-\sum_{S\in\{L,R\}}\frac{|\boldsymbol{P}_S|}{|\boldsymbol{P}|}H(\boldsymbol{P}_S\mid\boldsymbol{D}_i,H_i,a_f)) \tag{2.6}$$

式中：τ 为预先设定的特征分裂阈值；a_f 为子森林；$H(\boldsymbol{P}\mid\boldsymbol{D}_i,H_i,a_f)$ 为类不纯度测试：

$$H(\boldsymbol{P}\mid\boldsymbol{D}_i,H_i,a_f)=-\sum_{i=1}^{N}\frac{\sum_i p(\boldsymbol{D}_i\mid H_i,a_f,\boldsymbol{P}_n)}{|\boldsymbol{P}|}\log(\frac{\sum_i p(\boldsymbol{D}_i\mid H_i,a_f,\boldsymbol{P}_n)}{|\boldsymbol{P}|}) \tag{2.7}$$

式中：$p(\boldsymbol{D}_i\mid H_i,\ a_f,\ \boldsymbol{P}_n)$ 为人脸正子区域块 $\boldsymbol{P}_n$ 在头部姿态 H_i 和子森林 a_f 的条件下，包含人脸特征点的概率。

当信息增益低于预先设定的阈值或者达到树的最大深度时，生成一个叶子节点。如图 2.6 所示，初始化叶子节点存储 4 个概率模型：①人脸子区域的分类模型 $p(c|a_1,l)$；②头部姿态的估计概率模型 $p(H_i|a_1,l)$；③人脸特征点初始位置的回归概率模型 $p(d_{ij}|H_i,a_f,l)$；④多姿态下的人脸形变模型 $p(E_j|H_i,a_f,l)$；否则，重复式（2.5）～式（2.7），生成树的左、右子节点。

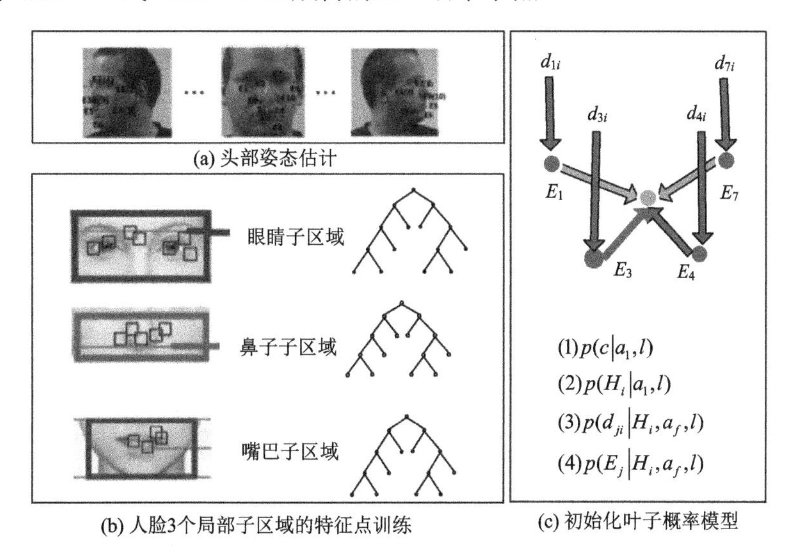

图 2.6　人脸特征点的初始化条件回归模型

1. 头部姿态估计

为了减少大姿态变化的影响，将头部姿态在水平和竖直方向上各分为 5 个不相交的子集：{（60°，90°]，（30°，60°]，（−30°，30°]，（−60°，−30°]，[−90°，−60°]}，共 25 类姿态。将每一个子集上训练头部姿态的概率模型作为特征点的先验概率，头部姿态的概率模型可表示为多参数的高斯分布模型[43]，即

$$p(H_i|a_1,l)=N(H_i;\overline{H}_i,\boldsymbol{\Sigma}_l^{H_i}) \tag{2.8}$$

式中：$\overline{H}_i$ 和 $\boldsymbol{\Sigma}_l^{H_i}$ 为子森林 a_1 叶子节点上头部姿态概率的均值和协方差矩阵。

2. FDM 条件约束的人脸特征点初始化定位

为了避免使用人脸的所有子区域块来进行平均投票造成的人脸形变误差，针对嘴巴、鼻子、眼睛的局部子区域来进行局部特征点的关联投票，约束人脸形变的影响。3 个局部的子区域利用 AdaBoost 检测器获得[44]，定义局部子区域的自信度评价函数 p_f，如式（2.9）：

$$p_f \propto \exp\left(\frac{\left\|\overline{d_{ji} \mid H_i, a_f}\right\|^2}{\gamma}\right) \cdot \exp\left(\frac{\left\|\overline{E_j \mid H_i, a_f}\right\|^2}{\gamma}\right) \tag{2.9}$$

式中：r 为人脸子块抽样步长。当 p_f 大于设定的阈值时，局部人脸子块才参与投票。局部子森林概率为其叶子节点上参与投票的人脸子块的平均概率，如：

$$p(d_{ji}^1 \mid E_j, H_i, a_f, P) = \frac{1}{T_f} \sum_i \sum_{t=1}^{K_f} p(d_{ji}^1 \mid H_i, a_f, l) \tag{2.10}$$

式中：K_f 为子森林中树的棵数。

当 p_f 大于设定的阈值 (γ) 时，人脸特征点的初始位置概率可由多参数高斯分布模型得到，即

$$p(d_{ji}^1 \mid H_i, a_f, l) = N\left(d_{ji}^1; \overline{d}_{ji}^1, \boldsymbol{\Sigma}_l^{d_{ji}^1}\right), \quad p_f > \gamma \tag{2.11}$$

式中：$\overline{d}_{ji}^1$和$\boldsymbol{\Sigma}_l^{d_{ji}^1}$ 分别为叶子节点上第 j 个特征点初始位置 d_{ji}^1 的均值和协方差矩阵。

2.2.4 非约束人脸特征精确定位

为了定位人脸特征点的精确位置，迭代更新 CI-RF 过程如图 2.7 所示。

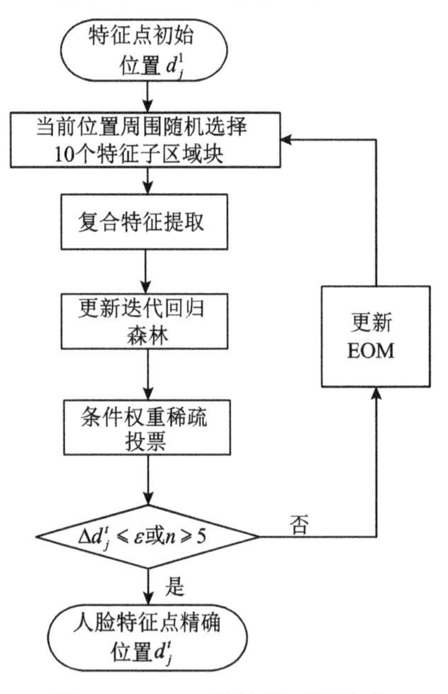

图 2.7 CI-RF 的迭代更新定位

当 Δd_j^t 小于或等于迭代收敛阈值 ε，或者迭代最大次数达到 5 时，停止迭代更新。学习叶子节点的特征点概率模型可由多参数高斯分布模型得到，即

$$p(d_j^t \mid l) = N(d_j^t; \overline{d}_j^t, \boldsymbol{\Sigma}_l^{d_j^t}) \tag{2.12}$$

式中：$\overline{d}_j^t$ 和 $\boldsymbol{\Sigma}_l^{d_j^t}$ 分别为迭代更新特征点概率的均值和协方差矩阵。

2.2.5　条件权重稀疏投票

为了减少样本不均衡性对学习模型的影响，本书提出优化的条件权重稀疏投票方法，用以 CI-RF 叶子节点的多概率模型投票。在 CI-RF 的每一棵子树中存储了样本的比例因子 $w_S = \boldsymbol{P}_S / \boldsymbol{P}$，它是样本子集 $\boldsymbol{P}_S$ 和所有样本集合 $\boldsymbol{P}$ 的比值。假定在人脸区域的任意子块 y_i 对于一个特征点 j 的投票模型为 $D_{y_i}(j \mid \Delta d_j^t, p_f)$，则权重投票对所有特征点投票空间为 $V(j) \propto K\{[w_S D_{y_i} - (y_i + \overline{w_S D_{y_i}})] / b_j\}$。高斯核 K 和带宽参数 b_j 由自适应高斯混合模型得到。每一个投票模型 D_{y_i} 中，Δd_j^t 是每次迭代更新后的特征点误差模型，p_f 为局部子区域块的自信度评价。最后利用 Mean-shift 方法[45]对叶子节点的人脸子块的中心位置进行聚类，回归得到每个人脸特征点的精确位置。图 2.8 模拟了 Mean-shift 方法在 CI-RF 的投票空间上对鼻尖点的聚类；其中，人脸外围的散点表示不允许参与鼻尖点投票的人脸子区域块的中心位置；鼻子周围圆形点表示叶子节点标记可能为鼻尖点的人脸子区域块的中心点位置；圆柱点表示通过 Mean-shift 对可能包含鼻尖点周围散点位置进行聚类后获得的聚类中心点位置，即获得的鼻尖点位置坐标。

图 2.8　Mean-shift 方法对鼻尖点的聚类模型

2.3 实验和分析

2.3.1 实验参数设置

为了评估非约束环境（多姿态、遮挡等）中的人脸特征点定位结果，在 AFW 数据集[20]、LFW 数据集[21]和 Pointing'04 数据集[22]测试 CI-RF。所有的实验都是在 PC Intel（R）Core（TM）i5-2400 CPU@ 3.10GHz，32bit，RAM 8GB 的系统，软件 Microsoft Visual Studio2010++平台上进行。为了便于训练和测试，本章对所有头部旋转归类为 25 类姿态标注，每类姿态下再标注人脸特征点；所有的标注工作都由实验室中的不同人员完成，并且进行校验。实验过程中，数据集被分为训练集和测试集。训练集包括 Pointing'04 数据集中的 2 100 张图片，LFW 数据集中的 5 000 张图片，AFW 数据集中的 300 张图片；测试集包括 Pointing'04 数据集中的 790 张图片，LFW 数据集中的 800 张图片和 AFW 数据集中的 178 张图片。

在实验过程中，LFW 数据集、Pointing'04 数据集和 AFW 数据集 3 个数据集分别训练 CI-RF，并分别在 3 个数据集上交叉验证人脸特征定位结果。训练过程中，将每个训练集按照 25 种头部姿态分为不相交的训练子集，每棵随机决策树为同一人脸数据集的训练子集中随机抽样训练而成。这样做的好处有两点：①有效地防止过拟合问题，Breiman 在文献[38]中已经证明了不同数据集单独训练可以更好地收敛随机决策树模型，提高训练效率，达到最佳训练效果；②不同数据集单独训练随机决策树模型，能很好地减少随机树之间的相关性，能在预测空间有效地避免集成平均投票对预测结果的影响，保留不同数据集的差异性，提高预测效率。测试过程中，本书使用 IOD 归一化模型[39]来评价定位结果，将特征点定位误差定义为

$$e_i = \frac{\left\| I_i^{\mathrm{G}} - I_i^{\mathrm{D}} \right\|_2}{I_{\mathrm{IOD}}} \tag{2.13}$$

式中：I_i^{G} 为特征点 i 的标注位置（ground truth）；I_i^{D} 为特征点 i 的定位位置；I_{IOD} 为两眼间距。预定义，当 $e_i<0.15$ 时，特征点定位准确。本书所有的实验均采用 5 折交叉验证方法。

CI-RF 训练过程中，一些重要参数选择如图 2.9 所示，包括人脸子区域块大小、每棵树的训练样本数量和树的棵数。本书在 LFW 数据集、AFW 数据集和

Pointing'04 数据集 3 个数据集上评估 3 个参数对特征定位平均准确率的影响。图 2.9 的纵轴为 3 个数据集上定位的平均准确率，横轴为 3 个参数的选择值。图 2.9（a）为人脸子块大小对平均准确率的评估，若人脸子区域块选择太小，则会损失人脸的结构信息，而人脸子区域块太大，对于人脸区域的遮挡会变得非常敏感，平均准确率就会下降。因此，本书选择子区域块的大小为 30×30。图 2.9（b）是训练一棵树的样本数量对定位平均准确率的影响，本书采用 Bagging 采样方式进行训练。样本数量增加会使平均准确率提高，但是持续增多易引发训练的过拟合问题使得平均准确率有轻微降低，可见 300 幅是较好的选择。图 2.9（c）是多姿态下的特征点树的数量对准确率的影响，从曲线分布来看，相比于传统 RF 需要大量树的集成，本书每个姿态下训练 15 棵树就可以达到较好的定位结果；并且通过时间计算，15 棵树的特征定位时间为 115 ms，而增加到 30 棵树时，定位时间增加到 178 ms。因此，考虑到实时性，本书训练 15 棵树进行特征定位。其他一些基本参数包括树的最大深度和最大分裂次数，依据经验[39, 22]，分别设置为 15 和 2 000，人脸归一化大小为 125×125。

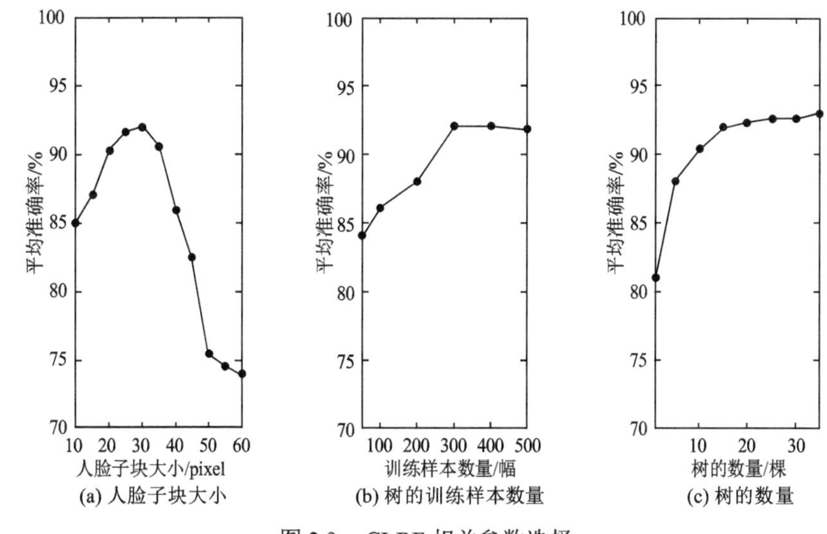

(a) 人脸子块大小　(b) 树的训练样本数量　(c) 树的数量

图 2.9　CI-RF 相关参数选择

图 2.10 描述了人脸子区域块的自信度评价函数 p_f 对特征点定位平均准确率的影响，p_f 约束的是在叶子节点上参与投票的人脸正子区域数量，$p_f = 0$ 表示所有的正子区域块都参与投票，平均准确率为 81%；当 $p_f = 0.4$ 时，方法通过 25 个头部姿态和 FDM 过滤掉没有贡献的子区域块，平均准确率达到 90%以上；当 p_f 继续增加，大于 0.8 时，由于过滤掉过多的人脸子区域块，平均准确率下降到 60%。因此，本书选择 $p_f = 0.4$，既稀疏了投票的数量，又降低了大姿态下人脸形变的影响。

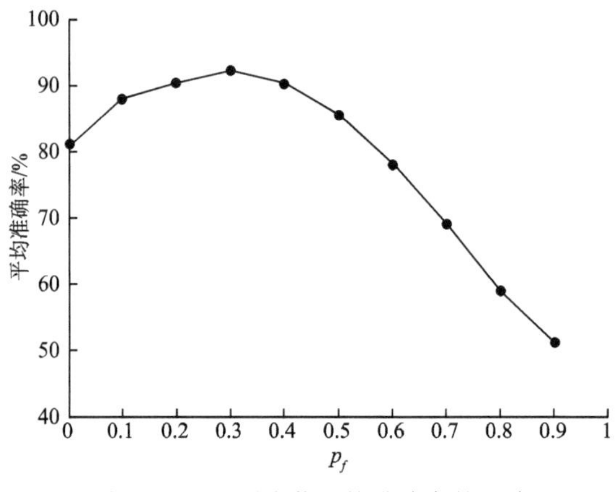

图 2.10 p_f 对定位平均准确率的影响

图 2.11 评估了 CI-RF 的迭代更新次数在 3 个数据集中对定位平均准确率的影响。随着迭代更新次数的增加，特征点的准确率也随之增加；尤其是第一次迭代后，平均准确率显著提高。当迭代次数增加到 4 时，平均准确率提高的幅度趋于平稳，定位时间为 104 ms；当迭代增加到 5 时，平均准确率仅提高 1.2%，定位时间为 115 ms。因此，综合平均准确率和时间复杂度，迭代更新次数 5 是一个不错的选择。

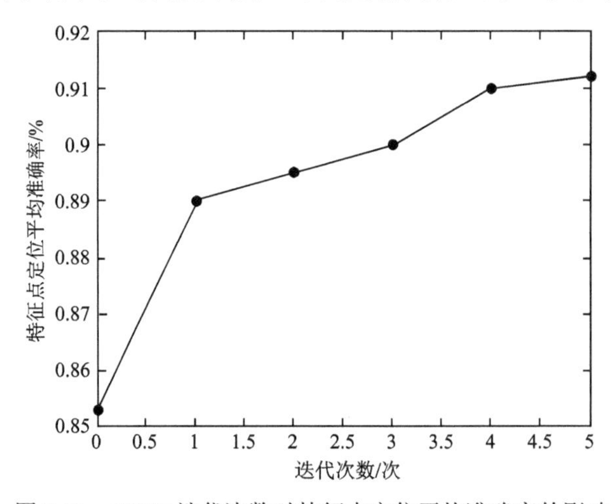

图 2.11 CI-RF 迭代次数对特征点定位平均准确率的影响

2.3.2 CI-RF 中多概率模型分析和特征分析

为了训练人脸正/负子区域块分类器，本书在每幅图像的人脸区域和非人脸区域分别随机提取 200 个不重叠的子块，每个子块的大小为 30×30。正样本为人脸 10 个特征点周围随机提取的若干子区域块，负样本为背景区域和头发、墨镜、局部遮挡噪声等非人脸子区域块。在 3 个数据集上进行 5 折交叉验证，人脸正/负子区域块的平均分类准确率达到 98.3%。

表 2.1 描述了不同类别的头部姿态估计先验概率模型对人脸特征点定位的影响。在 Pointing'04 和 AFW 两个大姿态变化数据集上交叉验证，头部姿态估计的先验概率模型越多，人脸特征点定位结果越准确。当在水平和竖直两个方向下的 25 类姿态估计率达到 73.8%时，CI-RF 方法达到 92.5%的定位准确率、0.13 的误差值和 0.05 的均方差。同时，考虑姿态估计先验概率模型的增加会带来训练复杂度的增加及过拟合问题，本书不再进行更加细化的姿态估计。

表 2.1　头部姿态估计先验概率模型对人脸特征点定位的影响

姿态估计	头部姿态估计率/%	特征点定位准确率/%	误差值 (e_i)	均方误差（Std.）
无头部姿态估计	—	78.0	0.8	0.42
5 类水平姿态估计	82.4	83.4	0.34	0.12
25 类水平和竖直姿态估计	73.5	92.5	0.13	0.05

图 2.12 描述了 AFW 和 Pointing'04 两个具有大姿态变化数据集上基于 FDM 约束和不基于 FDM 约束的 CI-RF 对特征点定位准确率的影响。由于不同头部姿态的形变程度不同，在 25 个头部姿态上分别进行分析比较。图 2.12 横轴为 25 类头部姿态，纵轴是特征点的定位准确率，黑色柱形为基于 FDM 约束的 CI-RF 定位结果，浅灰色柱形为不基于 FDM 约束的 CI-RF 定位结果。由图 2.12 可见，基于 FDM 约束的 CI-RF 具有更高的准确率，尤其是在头部姿态变化范围较大（{水平 90°，竖直 90°}）时，它很好地约束了大姿态带来的人脸形变，提高了方法的鲁棒性。

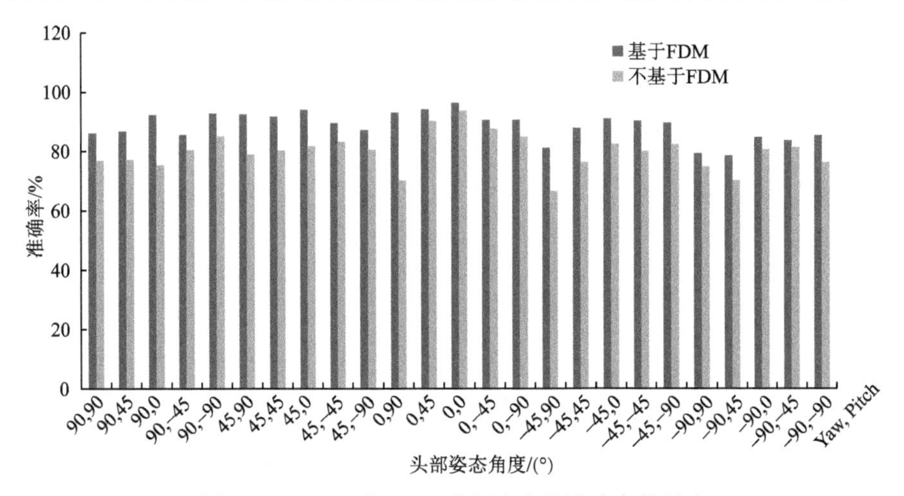

图 2.12　FDM 对 CI-RF 特征点定位准确率的影响

注：头部姿态角度为水平方向，竖直方向。

2.3.3 基于 CI-RF 人脸特征点精确定位分析

表 2.2 描述了 CI-RF 分别在 3 个数据集上的人脸特征定位的平均准确率、误差值 (e_i) 和均方误差分析（Std）。所有结果均是在 3 个数据集上分别进行 5 折交叉验证的平均值。CI-RF 在 3 个数据集上都能得到鲁棒的结果。

表 2.2 在不同数据集上的人脸特征点定位结果

数据集	特征点定位平均准确率/%	误差值 (e_i)	均方误差
LFW	93.6	0.09	0.04
AFW	92.7	0.11	0.09
Pointing'04	91.0	0.14	0.08

为了更好地分析每个人脸特征点的定位结果，表 2.3 分别描述了所定位的 10 个特征点的初始化定位结果和迭代精确定位结果。每个特征点定位结果为 3 个人脸数据集上的平均值。从表 2.3 可见，每个特征点在迭代更新阶段的定位结果均优于 CI-RF 初始化定位结果：左眼内眼角的定位准确率最低，这是由于在大姿态下，下嘴唇点的遮挡问题要大于其他特征点；初始定位的平均准确率为 85.2%，平均误差值为 0.25；迭代精确定位的平均准确率为 91.3%，平均误差值为 0.11。可见，经过迭代回归的特征点定位的准确率提高了 6.1%，误差降低了 0.14。

表 2.3 基于 CI-RF 人脸特征点定位的准确率和误差值

特征点	初始化定位		迭代精确定位	
	准确率/%	误差值	准确率/%	误差值
左眼外眼角	85.6	0.24	90.3	0.09
左眼内眼角	83.3	0.26	89.7	0.09
右眼外眼角	84.7	0.23	92.2	0.11
右眼内眼角	85.2	0.21	93.4	0.08
左鼻孔	86.5	0.24	87.5	0.09
右鼻孔	85.7	0.28	92.6	0.11
左嘴角	87.6	0.26	89.3	0.13
右嘴角	87.7	0.25	92.5	0.12
上嘴唇	86.4	0.27	91.3	0.15
下嘴唇	85.5	0.3	90.0	0.16

图 2.13 显示了基于 CI-RF 的非约束人脸特征点精确定位的结果，3 个数据集包括大姿态变化、遮挡和复杂背景等挑战环境。第 1、2 行为 Pointing'04 大姿态下的定位结果，第 3 行为 LFW 在局部遮挡下的定位结果，第 4、5 行为 AFW 自然环境下的定位结果。图中矩形指向框表示头部姿态估计结果（清晰的分类结果见图下方），实心圆点描述了 10 个人脸特征点的定位位置。可见 CI-RF 在大姿态变化、遮挡和光照变化等非约束环境下，均具有鲁棒的定位结果。

图 2.13　3 个数据集中基于 CI-RF 的人脸特征点精确定位结果

2.3.4　与经典方法的比较

图 2.14 和表 2.4 描述了 CI-RF 与其他经典方法，条件结构回归森林(conditional

structured output regression forest，S-RF）[36]，深度自回归网络（deep coarse-to-fine auto-encoder networks，CFAN）[46]，随机森林回归投票（random forest regression voting，RF-V）[27]，条件随机森林（conditional randon forest，C-RF）[39]和扩展的动作形变模型（extended active shape model，E-ASM）[47]在 LFW 和 AFW 非约束数据集上的平均准确率、误差值、均方误差及时间复杂度的比较。S-RF[36]根据特征点的结构关系提出基于先验信息的结构回归森林来回归特征点位置；C-RF[39]在估计 5 类水平头部姿态的条件下定位特征点位置；RF-V[27]引入统计形变模型增强随机回归森林来定位特征点位置；CFAN[46]由粗到细级联训练了多级自编码深度网络来精确回归特征点的位置；E-ASM[46]通过位置点的约束关系建立局部特征来定位特征点的位置。图 2.14 描绘了每个方法在不同 IOD 下的准确率。当 IOD 达到 0.15 时，CI-RF 可以达到 95%以上的准确率，明显优于 S-RF、C-RF、RF-V 和 E-ASM；当 IOD 低于 0.08 时，CI-RF 略低于 CFAN；但是当误差高于 0.08 时，CI-RF 定位结果略高于 CFAN。然而相比于多级的深度卷积神经网络需要大量图片的训练和 GPU 的硬件支持，CI-RF 具有较强的普适性。

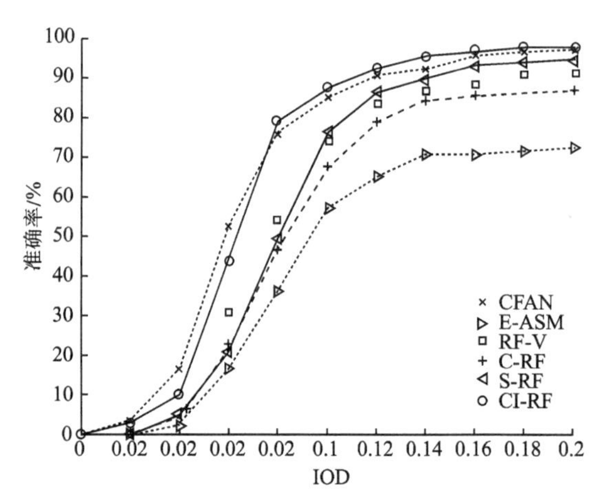

图 2.14 不同定位方法的比较

表 2.4 不同方法的在 e_i <0.15 时准确率、平均误差值、均方误差和运行时间的比较

方法	e_i <0.15 时准确率/%	平均误差值	均方差	运行时间/ms
CI-RF	92.4	0.12	0.05	115
CFAN	92.0	0.11	0.04	121
S-RF	90.5	0.16	0.11	136
C-RF	85.9	0.25	0.12	124
RF-V	86.2	0.18	0.09	116
E-ASM	70.8	0.61	0.18	95

表 2.4 更直观地反映了 CI-RF 与其他方法的比较，包括在 e_i<0.15 时准确率、平均误差、均方误差及运行时间。CI-RF 在自然环境下的准确率、平均误差值和均方误差均优于其他方法，具有良好的准确性和鲁棒性；运行时间比较显示了 CI-RF 在特征点定位阶段由于稀疏投票，结果优于 S-RF、C-RF 和 RF-V，但是略低于 E-ASM。

第 3 章　自然场景中的头部姿态估计

3.1 引　　言

在计算机视觉领域内，头部姿态估计（head pose estimation，HPE）通常是指利用计算机视觉和模式识别的方法在数字图像中判断人头部的朝向。更严格地说，头部姿态估计是在一个空间坐标系内识别头部的姿态方向参数，即头部位置参数（x，y，z）和方向角度参数（yaw，pitch，roll）。图 3.1 描述了头部姿态在空间坐标系上的三个旋转自由度上的方向参数，即水平转动（yaw）、竖直转动（pitch）、左右偏向（roll）。一般而言，一个成年人的头部运动方向为左右偏向–40.9°～36.3°，竖直转动–60.4°～69.6°，水平转动–79.8°～75.3°[48]。

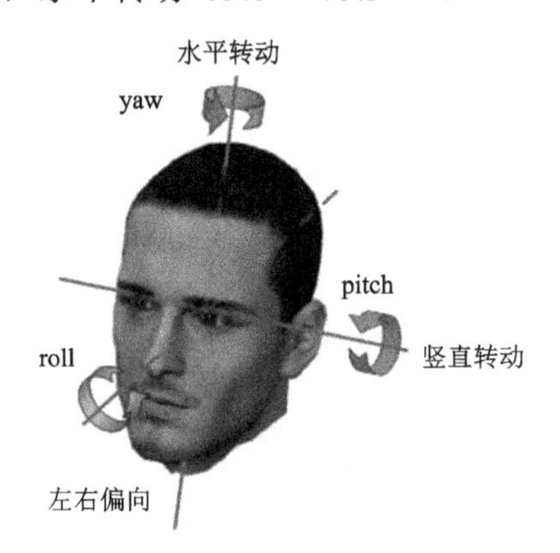

图 3.1　三维空间坐标系中的头部姿态估计

复杂环境头部姿态估计是通过算法来确定当前图像是一系列离散方向中的哪一个（如正面、左侧、右侧），通常将其看成是一个多分类的过程。它受几何形变、背景光照变化、前景遮挡和低分辨率等因素的影响[49]。已有的一些头部姿态分类方法根据提取的特征不同，一般分为基于局部特征点的方法和基于全局特征分析的方法。前者依赖于局部特征点的提取，后者则是对整个人脸区域进行处理。基于局部特征点的方法通常先提取人脸的特征点，如眼睛点、眉毛点及嘴角等，它主要适用于高精度的系统和人脸的高分辨率图像[50]。将其应用到自然的非约束环境下，具有很大的局限性。基于全局特征分析的方法主要是用机器学习和模式识别的算法（如模板匹配算法、多分类器阵列算法等），对整个人脸的图像区域进行处理，其优势是不需要提取局部的特征点，更加适合于低质量低分辨率的图像估计。可见，自然场景中，尤其是大场景和复杂环境下实时、鲁棒的头部姿态估计算法一直是计算机视觉领域的重点和难点。低分辨率、光照、遮挡、姿态大范围变化使得传统的头部姿态估计方法的鲁棒性降低。然而，复杂自然场景下的头部姿态估计往往更具有实际的应用价值，如公共场所的智能视频监控、多人注意力识别等。因此，自然场景下的头部姿态估计一直是国内外研究者的研究热点。

RF[51]具有快速处理大数据的训练能力和高效的在线计算能力，成为机器视觉中处理大数据量的热门方法之一。近年来，RF 已经应用于实时的二维头部姿态的估计和分类[52]，以及三维图像的头部姿态识别[53, 54]。但是上述方法对环境的要求都有一定的局限性，难以直接应用到自然的非约束环境下。因此，为了提升非约束环境下多类头部姿态估计的性能，我们提出了 Dirichlet 树增强随机森林（Dirich let-tree distribution enhanced random forest，D-RF）算法，用于非约束环境下头部姿态的多自由度的鲁棒估计[55]。

Dirichlet 树结构的分层概率模型是文献[56]提出的，Minka 已经证明了它的高效率和高准确率，许多文献也已经用它进行多目标跟踪和情感计算。Dirichlet 树结构的分层概率模型每一层节点概率是其上一层节点概率和分支选择概率的结果，即每一个子层都受到其父层的影响。每次计算树的概率时，只需要用相关分支上的节点概率，而不需要计算整棵树所有节点的概率。因此，引入 Dirichlet 的树结构分层随机森林具有更高的效率和准确率。在本章中，我们对非约束环境下的离散头部姿态估计，提出了一种能提高准确率和效率的头部姿态估计方法——D-RF 算法。首先，为了减少非约束环境的噪声影响，对人脸区域进行正、负子区域块分类，正子区域块作为姿态估计的先验输入；其次，将 Dirichlet 树结构分布引入 RF 中，提出了一种 D-RF 算法，分层估计水平和竖直多个自由度下的头部姿态；再次，为提高 D-RF 算法的准确率和效率，使用自适应高斯混合模型作为 D-RF 不同子层中的子森林的叶子投票模型。最后，在 3 个头部姿态的公共数据集上的测试实验表明，D-RF 算法比最新的相关算法具有更高的准确率和效率。接下来，我们将针对大场景下的头部姿态估计建立估计模型，对于大场景下的人脸分辨率低、姿态范围变化大、光照影响、遮挡问题等建立更加鲁棒的特征模型。

3.2 RF 算法

RF 是由 Breiman 提出的快速决策算法，它由许多独立的决策树（decision tree）

组成，每一棵决策树的叶子节点都相当于一个弱分类器，然而组合起来却具有很强的分类能力。由于决策树是RF的基分类器，在研究RF之前首先了解决策树的工作原理。

决策树是非线性分类器的一种，属于多级的决策系统。决策树从根节点开始分类，依次到叶子节点，直到在叶子节点上得到最终的分类结果。决策树是按照一定的顺序倒立生长的树，从根节点开始，将所有的特征空间分裂与类对应的唯一区域，当一个节点包含不仅一类样本时，则需要对特征空间继续分裂，同时生成一个节点，直到节点分裂的特征只有一个类样本或者到达终止条件则停止生长，生成叶子节点。因此，决策树从根节点到每一个叶子节点的每条路径，都是一条分类途径。为了在决策树的每一个节点度量特征空间进行分裂，常用的分裂准则为信息增益（information gain，IG）和基尼指数（Gini index）。

假设，特征空间$\boldsymbol{D}$，信息增益（IG）计算分裂准则的过程如下：

$$H(\boldsymbol{D})=-\sum_{i-1}^{m}p_i\log_2(p_i) \tag{3.1}$$

$$\mathrm{IG}=\arg\max_{\boldsymbol{D}}\left(H(\boldsymbol{D})-\sum_{j=1}^{v}\frac{|\boldsymbol{D}_j|}{\boldsymbol{D}}H(\boldsymbol{D}_j)\right) \tag{3.2}$$

式中：m为特征空间的样本数量；p_i为任意第i类特征的概率；j为特征空间按照类空间划分的子特征集；IG为通过$\boldsymbol{D}$的特征分类，可以得到的信息的多少。因此对于分裂的迭代过程，选择最大的IG进行分裂特征空间。

另外，利用基尼指数计算分裂特征，基尼指数定义如下：

$$\mathrm{Gini}(\boldsymbol{D})=1-\sum_{i=1}^{m}p_i^2 \tag{3.3}$$

式中：p_i为特征i出现的概率。如果在经过一次分裂之后，特征空间$\boldsymbol{D}$分为m个子集，$\boldsymbol{D}_1,\boldsymbol{D}_2,\cdots,\boldsymbol{D}_m$。则下一次分裂的Gini（$\boldsymbol{D}$）为

$$\mathrm{Gini}_{\mathrm{split}}(\boldsymbol{D})=\frac{\boldsymbol{D}_1}{\boldsymbol{D}}\mathrm{Gini}(\boldsymbol{D}_1)+\cdots+\frac{\boldsymbol{D}_m}{\boldsymbol{D}}\mathrm{Gini}(\boldsymbol{D}_m) \tag{3.4}$$

基尼指数的大小反映了分裂效果，应用基尼指数评价分裂效果时，应该选择迭代后基尼指数的最小值作为分裂属性。

在生长决策树时，最终得到决策树的每个叶子节点，包含了样本的分类信息。由于大部分树中有噪点或离群点，决策树生长过程中容易出现过拟合现象。为了解决这个问题，会根据研究对象，采用剪枝的方式控制决策树的生长。一般常用

前剪枝和后剪枝两种方法。

为了减少决策树带来的过拟合现象，Breiman 将决策树进行集成，在其基础上提出了 RF 的思想。RF 是一种有效的集成学习方法，多应用于回归问题、分类问题和复杂特征的选择问题等。RF 的计算过程是 N 棵决策树的迭代过程，森林中的每一棵树 T 都是由标注好的随机提取的数据集训练生成。RF 可以很好地消除决策树的过拟合，这取决于它的两个随机性，一是用以生成每棵决策树的特征子集的抽取是随机的，RF 采用的是 bootstrapping 有放回抽样方法[51]；二是节点候选分裂特征集合的随机性。

在 RF 中，bootstrapping 有放回抽样方法的抽样过程如下：假设训练集有 M 个特征样本，随机森林随机地抽取 M 次，每次一个，然后放回，在下一次抽取时，训练集的样本数量仍然是 M 个。由于每一次都是随机抽取，因此每个样本被抽取的概率是相等的，每个样本可能抽取多次也可能没被抽取过，没被抽取的样本称为袋外数据（out of bag，OOB）。从统计学角度，RF 习惯用样本集的 2/3 作为训练等，1/3 作为测试集。而且在大数理论的支持下，RF 是可以消除过拟合问题的。

当测试数据 P' 通过 RF 的树的根节点到达其叶子节点时，存储在每棵树的叶子节点的概率密度为 $p(k\,|\,l_t(P'))$，可以用于判断测试数据 P' 的类别信息。RF 的分类概率由所有树的叶子节点概率投票分布得到

$$p(k\,|\,P') = \frac{1}{T}\sum_{t} p(k\,|\,l_t(P')) \tag{3.5}$$

式中：k 为类别；$p(k\,|\,l_t(P'))$ 为当前叶子节点属于 k 类的概率密度；T 为随机森林包含的决策树的数量。

另外，RF 自身最重要的参数，即决策树的数量和分裂特征集的大小。因此相比于机器学习的其他算法，RF 参数少，利于调优，同时过拟合问题较弱。

3.3　基于 D-RF 的头部姿态估计

为了更好地在非约束环境下对多自由度的头部姿态进行估计，本书在 RF 的思想上，提出了基于 D-RF 的分层估计算法。图 3.2 为基于 D-RF 的头部姿态估计流程，分为三个阶段，第一阶段，为了消除非约束复杂背景的干扰，我们提取了人脸积极的子区域块作为分层随机森林的先验输入；第二阶段，利用 D-RF 来估计水平头部姿态，级联分布的两个子层次为 S-1 和 S-2；第三阶段，在水平头部姿态估计结果的条件下进行竖直方向的头部姿态估计，其中级联分布的两个子层为 S-3 和 S-4。最终在 S-4 子层得到 25 对头部姿态的估计结果。

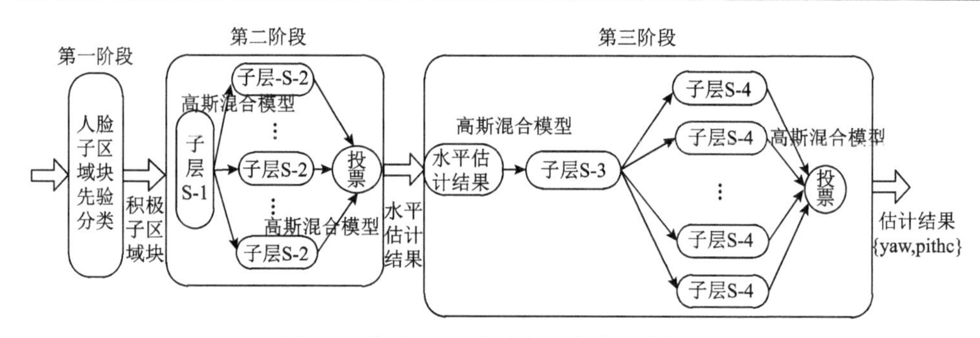

图 3.2　基于 D-RF 的头部姿态估计流程图

3.3.1　D-RF 的训练

Dirichlet 树结构是一种级联式的多层概率分布模型，它的当前叶子节点概率 $[p_1,\cdots,p_i]$ 是它上一层节点概率 $[a_1,a_2,\cdots,a_k]$ 在其相关分支 b_{ji} 上的结果[56]。图 3.3 中，可见在 D-RF 中，每一个子层只与它的父层有关。因此，在 D-RF 中，我们只需要计算子层中当前子树的概率模型和它父层的先验概率模型，而不需要计算 RF 中所有树的概率模型。所以，D-RF 可以提供更好的准确率和效率。

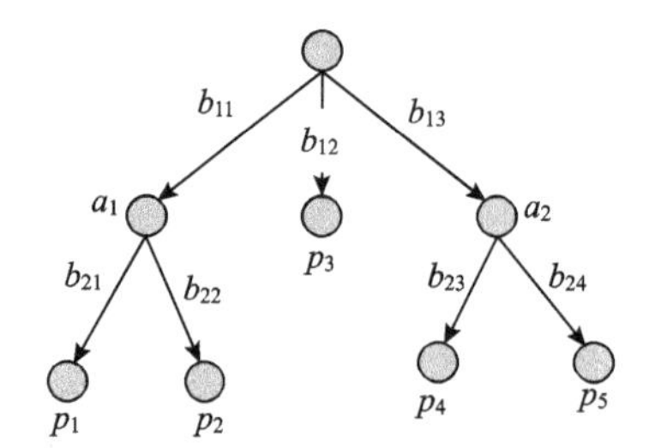

图 3.3　树结构分布的多层概率模型

为了构建 D-RF 来估计多自由度的头部姿态，我们需要：①标注满足树结构级联分层的训练数据集 $\boldsymbol{P}_i|a_j$；②定义二进制测试 ϕ；③定义级联式树结构随机森林的测度 $H(\boldsymbol{P}|a_j)$；④定义存储在叶子节点的自适应投票模型。

1. 级联标注

训练的过程是监督的，森林中每一棵树 T 的建立都是在不同的数据集中随机训练而成的，$T=\{T_t\}$。每一张人脸图像，我们随机提取人脸子区域块集的组合特征：$\boldsymbol{P}_i=\{\boldsymbol{I}_i^1,\boldsymbol{I}_i^2,C_i^n\}$。其中，$\boldsymbol{I}_i^1$ 表示 Gabor 特征，它的空间维度是 35×31×31；$\boldsymbol{I}_i^2$ 为原始的灰度值，它的空间维度是 31×31；C_i^n 表示头部姿态类的标注：

$$C_i^n = \{c_i^1, (c_i^2 \mid c_i^1), (c_i^3 \mid c_i^2, c_i^1), (c_i^4 \mid c_i^3, c_i^2, c_i^1)\} \tag{3.6}$$

式中：c_i^1 为水平自由度旋转的三类头部姿态；$c_i^2 \mid c_i^1$ 为级联第二层在 c_i^1 条件下的 5 类水平头部姿态类；$c_i^3 \mid c_i^2, c_i^1$ 为级联第 3 层在水平、竖直自由度旋转条件下的 15 类头部姿态类；$c_i^4 \mid c_i^3, c_i^2, c_i^1$ 为储存在级联第 4 层中的水平、竖直自由度下的 25 类头部姿态类。

2. 二进制测试

二进制测试是在子集中不断地逼近类标注不确定性纯度的过程，最终将训练集分裂成两个子集。随机树的生长就是一个由二进制测试创建子节点的迭代过程。我们定义二进制测试 ϕ 为

$$|\boldsymbol{R}_1|^{-1} \sum_{n \in \boldsymbol{R}_1} \boldsymbol{I}^f(n) - |\boldsymbol{R}_2|^{-1} \sum_{n \in \boldsymbol{R}_2} \boldsymbol{I}^f(n) > \tau \tag{3.7}$$

式中：$\boldsymbol{R}_1$、$\boldsymbol{R}_2$ 为人脸子区域中的两个随机选取的矩形子块；n 为人脸子区域块的像素点；$\boldsymbol{I}^f(n)$ 为上一部分定义好的特征通道；τ 为阈值。开始测试，当测试结果大于 τ 时，生成右子节点，反之生成左子节点。

3. 树状条件测度

在这个部分，树状条件测度 $H(\boldsymbol{P} \mid a_j)$ 定义为连续子区域的熵：

$$H(\boldsymbol{P} \mid a_j) = -\sum_{i=1}^{N} \frac{\sum_i p(c_i \mid a_j, \boldsymbol{P}_n)}{|\boldsymbol{P}|} \log\left(\frac{\sum_i p(c_i \mid a_j, \boldsymbol{P}_n)}{|\boldsymbol{P}|}\right) \tag{3.8}$$

式中：$p(c_i \mid a_j, \boldsymbol{P}_n)$ 为人脸子区域块 $\boldsymbol{P}_n$ 在分层随机森林的第 j 层第 a_j 子森林中属于头部姿态类 c_i 的概率；$|\boldsymbol{P}|$ 为头部姿态类为 c_i 的人脸子区域块的数量。选择最佳分裂申请，它可以使信息增益（IG）估计函数最大：

$$\mathrm{IG} = \arg\max_{\phi} \left\{ H(\boldsymbol{P} \mid a_j) - \left[\omega_L H(\boldsymbol{P}_L \mid a_j) + \omega_R H(\boldsymbol{P}_R \mid a_j) \right] \right\} \tag{3.9}$$

式中，ω_L、ω_R 是数据集 $\boldsymbol{P}_{\mathrm{L}}$（通过上述二进制测试到达左子集的数量）、$\boldsymbol{P}_{\mathrm{R}}$（通过上述二进制测试到达右子集的数量）的样本数量与总数据集 $\boldsymbol{P}$ 的比。

4. 叶子节点

如果信息增益（IG）低于预先设定的阈值或者树的最大深度达到时，生产一

个叶子节点。在每一个叶子节点中，包括了头部姿态的分类概率和连续头部姿态分布参数，其满足一个高斯概率分布模型：

$$p(c_i^m \mid l_{a_j}) = N(c_i^m \mid a_j; \overline{c_i^m \mid a_j}, \boldsymbol{\Sigma}_{c_i^m \mid a_j}) \tag{3.10}$$

式中：$\overline{c_i^m \mid a_j}$ 和 $\boldsymbol{\Sigma}_{c_i^m \mid a_j}$ 为树结构分层随机森林的第 j 层中子森林 a_j 的头部姿态概率均值和协方差矩阵。

当一个子区域块到达子森林的叶子节点时，我们用类决策模型 C（$\boldsymbol{P}$）加载下一个子森林树：

$$C(P) = \underset{a_j \in C_i^n}{\arg\max}\, p(c_i \mid a_j, \boldsymbol{P}) \tag{3.11}$$

式中：$p(c_i \mid a_j, \boldsymbol{P})$ 为森林中的第 j 层中子森林 a_j 条件下的估计概率，它由自适应高斯混合模型计算得到。最终的头部姿态由自适应高斯混合模型进行投票分类。

5. 自适应高斯混合模型

存储在叶子的概率 $p(c = k \mid \boldsymbol{P})$ 具有判断测试子区域块属于头部姿态类的信息。RF 的叶子节点 l 存储符合多项式高斯分布：

$$\begin{aligned} &p(c_i \mid l) = N(c_i; \overline{c_i}, \boldsymbol{\Sigma}_{c_i}) \\ &c_i \in \{-90^\circ, -45^\circ, 0^\circ, 45^\circ, 90^\circ\} \end{aligned} \tag{3.12}$$

式中：$\overline{c_i}$ 和 $\boldsymbol{\Sigma}_{c_i}$ 为第 i 类头部姿态的均值和协方差矩阵。

D-RF 是在每一个分支层上有选择性的级联子森林。当到达下一分支层时，它需要做出判断加载哪一棵子森林。因为在不同水平角度下竖直角度的估计投票仍满足高斯模型分布，所以我们提出一个自适应高斯混合模型来投票最终的头部姿态。改进公式 C（$\boldsymbol{P}$）得到

$$\begin{aligned} &p(c_i \mid a_j, l_{ji}) = N(c_i \mid a_j, \overline{c_i \mid a_j}, \boldsymbol{\Sigma}_{c_i \mid a_j}) \\ &c_i \mid a_j = \{\delta_{ji}(k) \cdot c_i^j(k)\}, k = 1,2,3,4 \end{aligned} \tag{3.13}$$

式中：i 为 D-RF 的子分支；j 为分支 i 的子节点；k 为子区域块达到的叶子节点中存储的标注姿态。

3.3.2 水平头部姿态估计

由于水平自由度旋转包含更多的头部姿态信息，如眼睛、鼻尖和嘴角的信息，因此我们将其作为 D-RF 估计头部姿态的第一层和第二层。如 3.3.1 节训练树结构分层随机森林的子森林。首先，量化训练数据在水平子层 S-1 和 S-2 的相关头部姿态子集“左”，“正面”，“右”和“正左”，“左中”，“正面”，“右中”，“正右”，并分别用标注“–1，0，1”和“–2，–1，0，1，2”代替真实的头部姿态旋转角度–90°～90°。其次，将估计结果（水平旋转角度）a 作为竖直估计的父层概率模型 $p(c_i\,|\,a)$（图 3.4）。

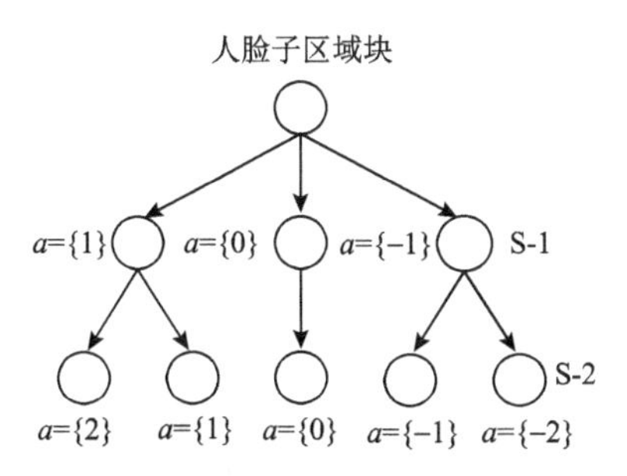

图 3.4　水平方向的分层头部姿态估计

3.3.3 竖直头部姿态估计

D-RF 级联第三层 S-3 和第四层 S-4，在水平自由度的估计条件下进行竖直自由度的头部姿态估计。由于缺少更多的人脸信息，竖直自由度估计是头部姿态估计领域的一个难点。我们将水平自由度的估计结果作为竖直自由度的估计条件输入，然后对每一个分支树进行 3 类竖直头部姿态估计，最后对左子类和右子类再次进行细化估计角度，最终估计出 5 类竖直头部姿态。我们级联细化算法的流程结构如图 3.5 所示。其中 a 为水平方向的估计结果，级联分支估计为竖直估计中 3 类角度的粗糙估计结果，最后细化估计为竖直估计中的最终细化估计结果。由于 3.3.2 节中水平估计的结果为 5 类水平旋转角度，因此图 3.5 实际上由 5 棵相同的独立子森林构成。在这个阶段，我们最终可以检测 25 个离散的头部运动角度，检测结果表示为{90°，90°}，{90°，45°}，…，{0°，0°}，…，{–45°，–0°}，{–90°，–90°}。

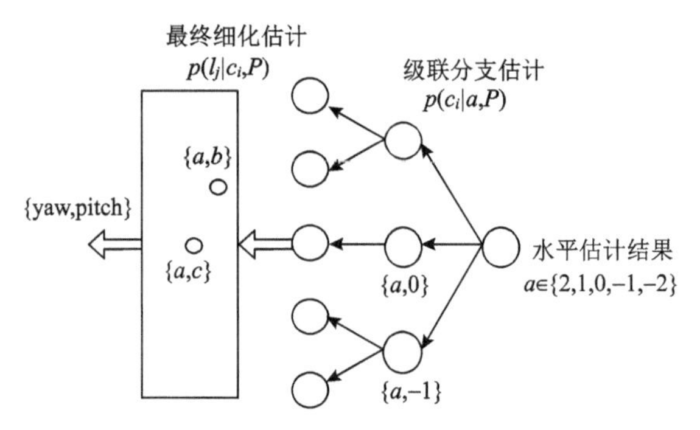

图 3.5　竖直方向的分层头部姿态估计

3.4　D-RF 的多层概率模型

RF 的目标是通过叶子节点构建人脸子区域块 P 的类概率估计 $p(c_i|P)$，D-RF 模型的目标则是构建树结构分层的先验条件概率估计 $p(c_i|\alpha,P)$，本书提出 D-RF 的概率模型为

$$p(c_i|\alpha,P)=\int\frac{p(c_i,\alpha|P)\cdot p(c_i|P)}{\sum_{i=1}^{n}p(c_i,\alpha|P)p(c_i|P)}\mathrm{d}\alpha \tag{3.14}$$

式中：α 为上一层估计的概率结果。

为了学习 $p(c_i,\alpha|P)$，训练集 α 被分裂为不相交的离散子集 a_j。因此，式(3.14)可改写为

$$\begin{aligned}p(c_i|\alpha,P)&=\sum_j p(c_i,a_j|P)\int\frac{p(c_i|P)}{\sum_{i=1}^{n}p(c_i,\alpha|P)p(c_i|P)}\mathrm{d}\alpha\\&=\sum_j\sum_i p(c_i|a_j,p)p(a_j|P)\int_{\alpha\in a_j}\frac{p(c_i|P)}{\sum_{i=1}^{n}p(c_i,\alpha|P)p(c_i|P)}\mathrm{d}\alpha\\&=\sum_j\sum_i p(c_i|a_j,p)p(a_j|P)\int_{\alpha\in a_j}\frac{1}{p(\alpha|P)}\mathrm{d}a\end{aligned} \tag{3.15}$$

先验概率 $p(c_i|a_j,p)$ 可以在每一个训练子集 a_j 中用改层的子随机森林 $T(a_j)$ 学习得到。同样地，概率 $p(\alpha|P)$ 可以在所有的训练集 a 上用随机森林学习得到。最终，得到不同分支上的多层概率模型为

$$p(c_i|\alpha,P)=\frac{1}{T_t}\sum_j\sum_{t=1}^{k_j}p(c_i|l_{t,a_j}(P)) \tag{3.16}$$

式中：l_{t,a_j} 为子区域块 P 在树 $T_t \in T(a_j)$ 中到达的叶子节点。离散值 k_j 由 $\sum_j k_j = T_t$ 和式（3.16）计算得到

$$\sum_j k_j \approx T_t \int_{\alpha\in a_j} p(\alpha|P)\mathrm{d}\alpha \tag{3.17}$$

3.5　实验和分析

为了测试 D-RF 在非约束环境下的估计结果，在 Pointing'04 数据集[22]、LFW 数据集[21]及实验室采集的数据集上测试该方法。我们实验室数据集收集了 20 个不同人的不同姿态、表情、遮挡的图片，其中包括 10 个男性，10 个女性，每个人包括 25 个头部姿态，总共 500 张图片。实验过程中，数据集被分为训练集和测试集。其中，训练集包括 2100 张 Pointing'04 数据集图片、12000 张 LFW 数据集图片和 300 张实验室数据集的图片、测试集包括 790 张 Pointing'04 数据集图片、1500 张 LFW 数据集图片和 200 张实验室数据集图片。我们在不同数据集上的估计结果如图 3.6 所示。第一行为加入遮挡效果的 Pointing'04 数据集的估计结果，

图 3.6　D-RF 在非约束环境下的头部姿态估计结果

第二行为自然遮挡下实验室数据集的估计结果，第三行为 LFW 数据集的估计结果。估计结果实时地显示在图片的左上角和下方，实验结果显示 D-RF 对于非约束环境下的头部姿态估计有较好的估计结果。

3.5.1 训练

首先，需要对 RF 在训练过程中的一些关键参数进行分析，包括树的数量、最大深度和分裂次数。图 3.7 的曲线描述了这些关键参数对头部姿态估计误差率的影响。由图 3.7 可见，估计误差率随着 RF 中树的数量、树的最大深度及分裂次数的增加而减少。而且，当这些关键参数增加到一定程度时，估计误差率几乎保持不变。因此，综合估计误差率和估计效率，选择每棵树的最大深度为 15，每一个节点的最多分裂次数为 2 000，分裂阈值选择 25，人脸区域统一归一化为 125×125，人脸区域提取的子区域块大小为 30×30。在训练过程中，为了训练 D-RF 的每个子层上的子森林，在所有的训练集中选择相应的子集进行训练。每个子集包含 186 张图片样本，训练成 D-RF 子层中的一棵树。D-RF 总共包括 4 个子层，水平自由度上的两层和竖直自由度上的两层。第一层是水平自由度上的 3 类头部姿态，由训练的 15 棵树组成。第二层是水平自由度上的 5 类头部姿态，由训练好的 10 棵树组成。第三层里竖直自由度上的 3 类头部姿态，由训练好的 15 棵树组成。第四层是竖直自由度下的 5 类头部姿态，由 25 棵树组成。可见，每一层的训练都是其上一层条件分支的结果。

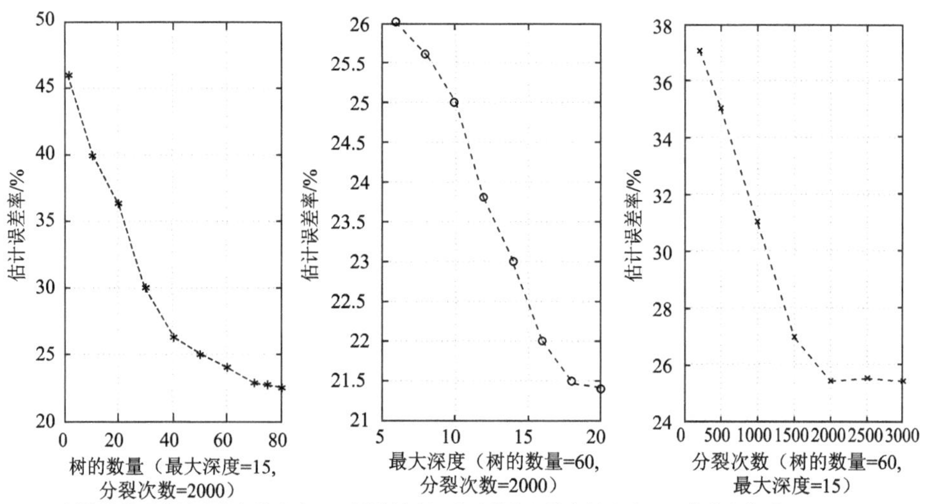

(a) 树的数量对估计误差率的影响 (b) 树的最大深度对估计误差率的影响 (c) 分裂次数对估计误差率的影响

图 3.7 树的数量、最大深度、分裂次数对估计结果的误差分析

3.5.2　测试

测试时，RF 的关键参数选择与训练时保持一致。子森林的树分支数和自适应高斯混合模型参数由测试时自适应选择。首先，我们从测试图片的人脸区域中稠密提取 200 个人脸子区域块和其多个方向和尺度上的 Gabor 特征。其次，通过随机森林分类出人脸的正子区域，用以头部姿态的分层估计。

由于树结构分布的D-RF实际上是将RF以树状结构的条件概率模型进行重新分布的分层结构，它在估计多类姿态时，只和它通过的树的分支相关，而不需要使用 D-RF 的所有训练树，因此它具有更高的估计效率和估计准确率。为了比较 D-RF 与 RF 在多类头部姿态下的估计能力，图 3.8（a）描述了 RF 的所有估计概率投票在不同头部姿态类上的分布，图 3.8（b）描述了 D-RF 在水平−90°分支下对竖直头部姿态的估计概率投票的分布。从图中可见，RF 的概率投票分布在水平和竖直的各个头部姿态类上都有相当大的重合度，而 D-RF 在第四层 S-4 上的水平−90°分支下的最终估计概率投票在五个竖直方向上的重合度较低。可见，D-RF 即提高了时间的效率，又提高了存储空间的利用率，同时削弱了水平自由度方向和竖直自由度方向上的相关性，使得子森林具有更强的分类能力。

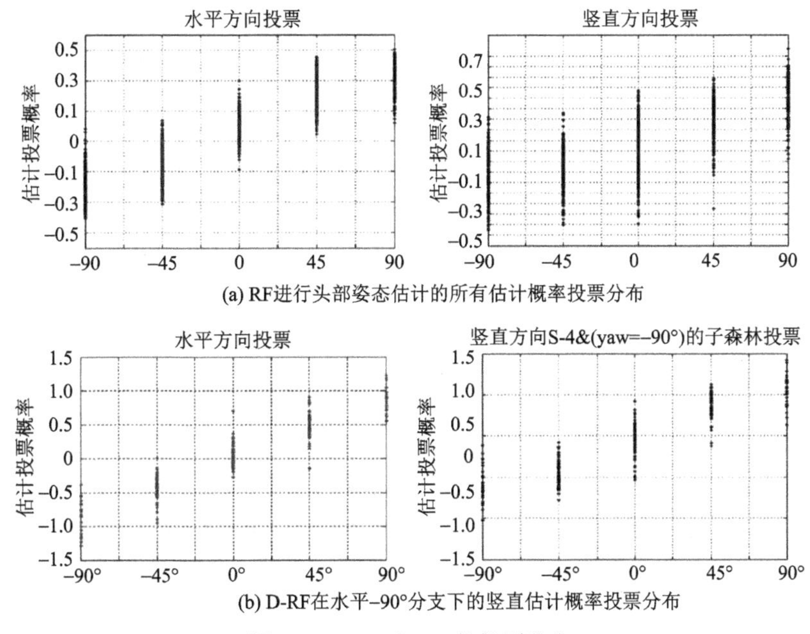

图 3.8　D-RF 和 RF 的投票分布

3.5.3 平均准确率比较和分析

在 25 个头部姿态类上比较了 D-RF 和 RF 算法的平均准确率。为了保证比较的客观性，两个算法在测试过程选择相同的测试图片和关键参数。表 3.1 描述了每类上的平均准确率，其中列 D 表示 D-RF 算法的平均准确率，列 R 表示 RF 算法的平均准确率。每个方格均表示为离散的不重复的 45°×45°的头部姿态区域。从表 3.1 中可见，D-RF 算法在所有姿态下的平均准确率达到 71.83%，随机森林算法只能达到 62.23%。

表 3.1 RF 和 D-RF 的平均准确率 （单位：%）

水平（5） 竖直（5）	90°		45°		0°		–45°		–90°	
	D	R	D	R	D	R	D	R	D	R
90°	72.1	61.0	69.7	62.5	72.3	71.6	68.3	55.6	70.6	65.9
45°	73.0	52.3	72.6	73.1	73.2	69.4	71.9	43.9	71.5	66.2
0°	79.3	75.2	75.9	64.1	78.7	70.6	74.0	69.8	80.0	75.7
–45°	72.4	66.0	70.5	72.8	70.1	73.2	68.8	50.7	67.9	49.4
–90°	67.2	58.8	70.3	60.3	70.7	67	69.4	45.2	65.3	60.4

3.5.4 D-RF 的级联层数分析

图 3.9 描述了 D-RF 在 25 类头部姿态上的估计准确率与 D-RF 级联层数的关系，S-0 表示只用 1 层树分布来估计 25 类头部姿态，平均准确率为 62.23%。S-2 表示使用 2 层树分布来估计 25 类头部姿态，平均准确率达到 67.72%。S-3 表示使用 3 层树分布来估计 25 类头部姿态，其估计准确率上升到 70.11%。最后，S-4 表示使用 4 层树分布来估计 25 类头部姿态，平均准确率提高到 71.38%。

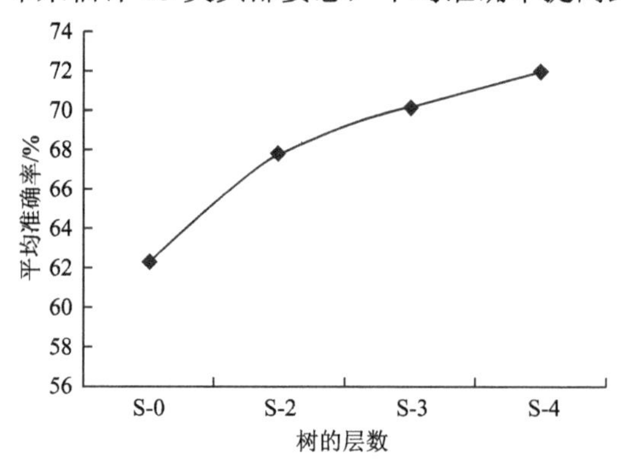

图 3.9 D-RF 的估计准确率与级联层数的关系

3.5.5 相关算法的比较

为了描述 D-RF 算法的优越性，我们将 D-RF 算法与先验随机森林[57]、C-RF 算法[9]、分类随机森林[52]和 SVM 分类算法[58]进行比较。比较的结果见表 3.2，结果表明 D-RF 算法对两个自由度下的 25 类头部姿态估计有最佳的估计效果，估计准确率可以达到 71.83%。

表 3.2　不同算法的准确率比较

不同的算法	估计准确率/%
D-RF 算法	71.83
先验随机森林	70.11
C-RF 算法	68.75
分类随机森林	64.23
SVM 分类算法	50.30

3.5.6 运行时间的比较

为了与最新算法进行运行时间的比较，我们所有的比较实验都是在 PC Intel（R）Core（TM） i5-2400 CPU@ 3.10GHz，32bit 的硬件设备，以及 Microsoft Visual Studio2010++的软件平台上进行的。我们随机选择了三个数据集中的 200 张图片，计算相关算法的平均运行时间。运行时间的比较结果见表 3.3。从表 3.3 中可见，D-RF 算法比其他最新相关算法平均总运行时间都短，平均总运行时间达到 0.793259s。

表 3.3　D-RF 算法与其他最新相关算法的运行时间比较

算法	前景-背景分类运行时间/s	水平头部姿态估计运行时间/s	竖直头部姿态估计运行时间/s	平均总运行时间/s
D-RF 算法	0.206 914	0.233 516	0.352 829	0.793 259
C-RF 算法	—	0.696 799	0.402 61	1.099 409
分类随机森林	—	0.696 799	0.671 794	1.368 594
SVM 分类算法	—	1.032 584	0.802 897	1.835 481

3.5.7 鲁棒性分析

为了分析 D-RF 算法的鲁棒性，在 LFW 数据集中随机抽取 200 张图片，对图片中的人脸区域进行不同程度的随机遮挡。遮挡区域的范围从人脸区域的 0%到 60%逐渐增加。图 3.10 显示了随着遮挡区域的增加，估计的平均误差率也逐渐增加。从图 3.10 中的曲线可以看出，即使当人脸区域的遮挡区域增加到 50%以上时，平均误差率仍可以控制在 30%以下。图 3.11 为在遮挡情况下的一些成功进行头部姿态估计的例子，准确估计的结果在每张图片的下方。

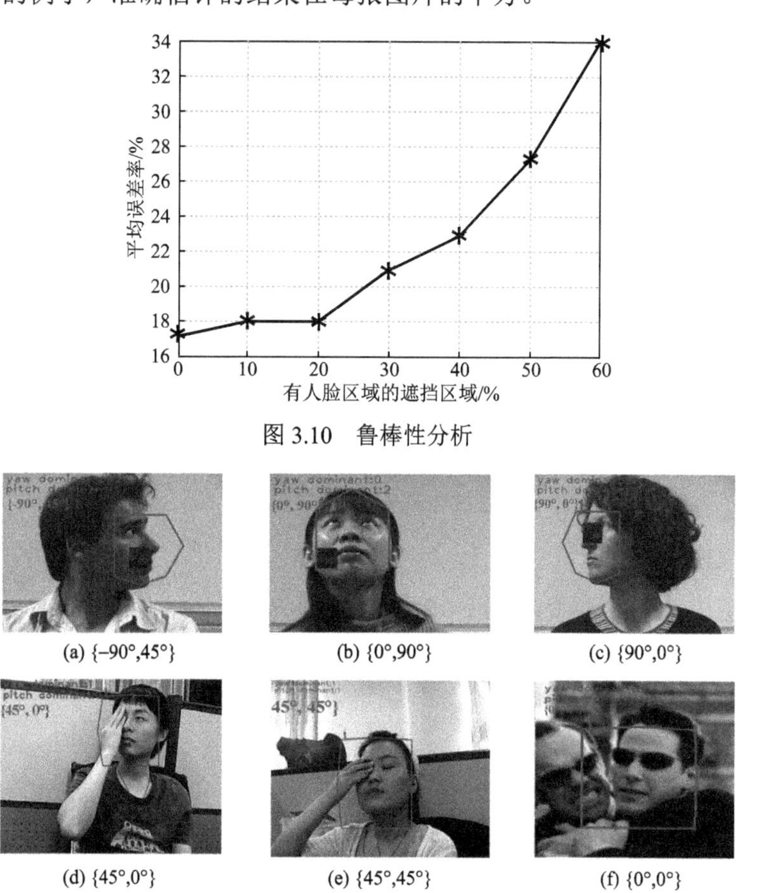

图 3.10 鲁棒性分析

(a) {-90°,45°}　(b) {0°,90°}　(c) {90°,0°}

(d) {45°,0°}　(e) {45°,45°}　(f) {0°,0°}

图 3.11 人脸遮挡情况下的头部姿态估计结果

第 4 章　多视角自发表情识别

4.1 引　言

人脸表情识别是近年来人工智能领域一个备受关注的研究方向，它是指利用计算机视觉技术对人脸的表情信息进行特征提取，按照人的认识和思维方式加以分类和理解[59]。早在 1975 年，美国心理学家 Ekman 定义人类基本的六种表情信息有生气、悲伤、厌恶、恐惧、惊奇、高兴[60]，它成为至今人脸表情识别的基准。人脸表情识别技术中，主要分为“人为表情识别”（pose expression）和“自发表情识别”（spontaneous expression）两个主流的研究类别，如图 4.1 所示。人为表情指在实验室等特定场景中要求人做出的标准的、夸张的表情，目前，国内外对于人脸表情识别的研究大都集中于此，也已取得了较显著的研究成果。自发表情则指自然场景下表现的无伪装的表情，此研究仍处于起步阶段，但它能更好地表达人们日常生活中自然产生的复杂多变的表情，能更真实地反映、传递人类内心情感状态。因此，对人脸表情识别的研究正逐渐从人为表情识别向自发表情识别转移。但是，自然场景下由于人脸遮挡、头部姿态运动和背景干扰等多种噪声的影响，人脸自发表情识别一直是人工智能领域的热点和难点。为了克服姿态变化对多视角自发人脸表情识别的影响，本章提出了多视角深度网络增强森林方法用以识别多姿态视角下的自发人脸表情。

(a) 自发表情

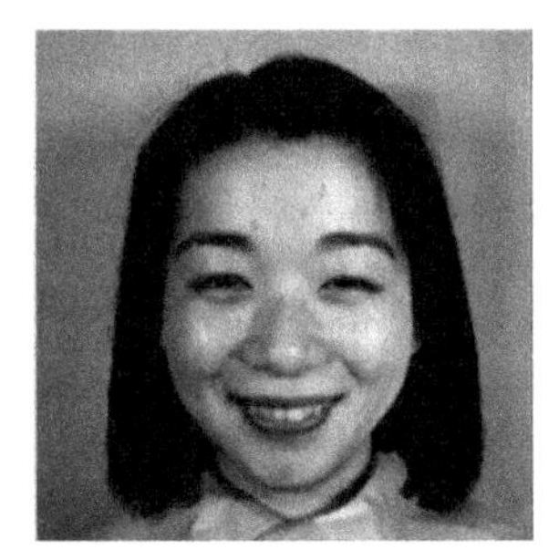

(b) 人为表情

图 4.1　自发表情和人为表情

自发表情识别的方法主要分为两大类：基于人工特征分类方法和基于深度学

习分类方法。基于人工特征分类方法主要在于如何自动提取强区分力的人脸表情特征，如人脸关键特征点、活动形状模型（active shape model，ASM）、活动外观模型（active appearance model，AAM）及人脸局部运动单元（Action unit，AU）模型[61-62]等。但是，在自然环境中人脸遮挡、姿态变化、光照影响等情况下，多视角表情特征的自动提取非常困难，直接影响了多视角人脸表情识别的准确率[63]。为了减少多视角姿态变化带来的局部特征丢失，基于全局特征的RF算法受到了研究者的关注[59, 64-65]。RF具有快速高效的决策能力和数据处理能力，具有一定的抗噪性，可以对全局的人脸特征进行识别，但是对悲伤和厌恶等区分度不高的表情具有一定的局限性。当头部姿态变化较大时，RF准确率会降低。

近年来，CNN由于自动学习特征表达，在图像识别领域取得了巨大进展[66]在一百多万张图片的ImageNet数据集上获得了最佳的识别结果。基于CNN的正脸表情识别也取得了不错的识别结果[67-68]。在文献[67]中，Zhang等采用SVM取代传统CNN中的Softmax层，在FER2013人脸表情数据集上取得了71.2%的准确识别率。文献[68]提出了级联的深度时空网络和表观网络模型，在数据增强后的CK+和Oulu-CASIA人脸表情数据集上分别获得了95.22%和81.46%的准确识别率。可见，CNN能够通过多层神经网络进行反馈学习，具有强大的特征学习和表达能力，但是依赖于大量增强的训练数据集和强大的图形并行计算单元（graph parellal computing unit，GPU）计算能力。

当面对有限的训练数据下的多视角人脸表情识别研究时，深度学习分类方法容易出现训练过拟合等问题。为了解决这一问题，有些研究者尝试在大规模ImageNet数据集上预训练CNN模型，然后微调网络参数，达到不错的表情识别结果[69]。还有一些研究者尝试将人工特征提取和DCMN结合，提出基于局部特征SIFT网络的表情识别方法，在BU-3DFE人脸表情数据集上获得78.9%的准确率[70]。另外，将两种分类器级联使用，减少模型训练参数，在物体识别领域也取得了一些进展，如文献[71]。尽管这些方法在一定程度上提高了有限数据集上人脸表情的识别准确率，但是，当在大姿态变化的自然环境中，其仍然是一个开放的挑战问题。

为了解决这个挑战问题，本书提出了多视角深度网络增强森林方法（multi-view deep network enhanced forests，M-DNF），用于姿态变化环境中的自动人脸表情识别。我们的目标是在有限的多视角表情数据集上，实现鲁棒的多视角人脸表情分类。M-DNF包括深度迁移表情特征学习和多视角网络增强森林分类两个部分。首先，特征学习部分通过在预训练的CNN网络模型上迁移学习稠密人脸子块的表情特征。其次，多视角深度网络增强森林将CNN和条件概率引入RF学习中，减少姿态变化的影响，提高分类器的准确率和学习效率。M-DNF最终获得头部姿态参数和表情分类结果，而不需要大量的标注数据集训练。我们在CK+人脸表情数据集、自然环境下多视角 LFW 数据集和 BU-3DFE 人脸表情数据集上进行了训练和测试，平均识别率分别达到 98.85%、86.63%和 57.2%。

本章的创新点包括：①提出基于 M-DNF 的多视角人脸表情识别，M-DNF 引入条件概率模型配准姿态参数，可以在有限的训练集上获得多视角下的鲁棒表情识别；②采用神经连接分裂函数（neurally connected split function，NCSF），可以有效地连接神经网络和 RF 模型，提高 M-DNF 的学习效率和区分力；③基于稠密人脸子块的深度迁移表情特征学习有效地减少人脸遮挡等噪声的影响，提高鲁棒性。

4.2　M-DNF 的自发表情识别

4.2.1　方法概述

图 4.2 为基于 M-DNF 的多视角人脸表情识别框架图，主要包括两个部分：深度迁移表情特征提取和多视角深度网络增强森林。其中，深度迁移表情特征学习用以提取稠密人脸子块的表情特征，姿态配准用以消除头部姿态视角的影响，NCSF 用以 M-DNF 的节点学习，多视角权重投票用以决策最终的表情类别。首先，为了消除自然环境中人脸遮挡等噪声影响，在人脸区域子块随机提取 100 个人脸子块，通过迁移学习在预训练的 CNN 模型上学习人脸表情的深度迁移特征；其次，估计头部姿态参数，建立条件概率模型，多视角网络增强森林基于视角条件概率学习多视角表情模型，权重投票决策最终人脸表情。

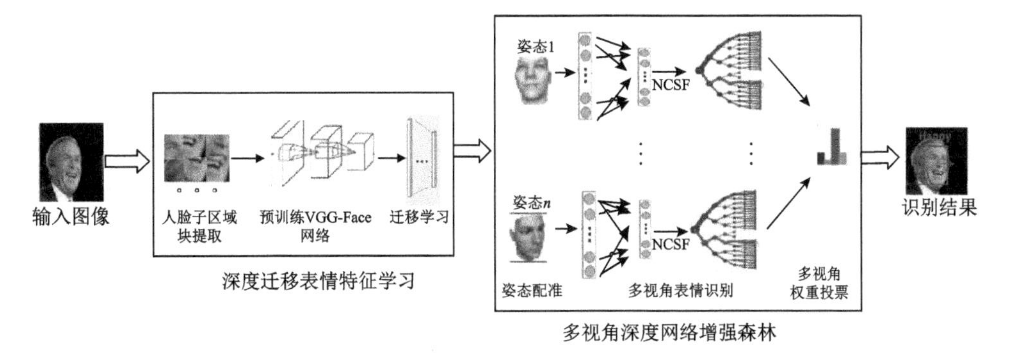

图 4.2　基于 M-DNF 的人脸表情识别

4.2.2　深度迁移表情特征提取

我们采用 Faster R-cnn[72]检测人脸区域，并在人脸区域中随机提取 100 块 25×25 的人脸子块。为了在有限的小数据集上学习鲁棒的人脸表情高层特征表达，深度迁移表情特征由预训练 CNN 的全连接层迁移学习获得，如图 4.3 所示。本书选取预训练的 VGG-Face[73]作为特征提取器。VGG-Face 是基于百万张人脸图片训练的 CNN 人脸识别网络模型，包含 13 个卷积层，5 个池化层，3 个全连接层，共计 21 层。其全连接层特征能很好地表达高层的人脸识别特征，但并不能很好地表达人脸表情的特征模型[74]。因此，我们提出深度迁移表情特征提取，通过有限表情数据集在 VGG-Face 第一层全连接层后迁移提取，获得表情的高层特征表达 $\boldsymbol{F}^j$：

$$\boldsymbol{F}^j = \max\left(0, \sum_i \boldsymbol{x}^i \boldsymbol{w}^{i,j} + \boldsymbol{b}^j\right) \tag{4.1}$$

式中：$\boldsymbol{w}^{i,j}$ 为人脸子块在第 l 层的权值；$\boldsymbol{x}^i$ 为预训练模型第一层全连接层的特征矢量；$\boldsymbol{b}^j$ 为卷积网络训练的偏置；i、j 分别定义了特征矢量的维度大小。

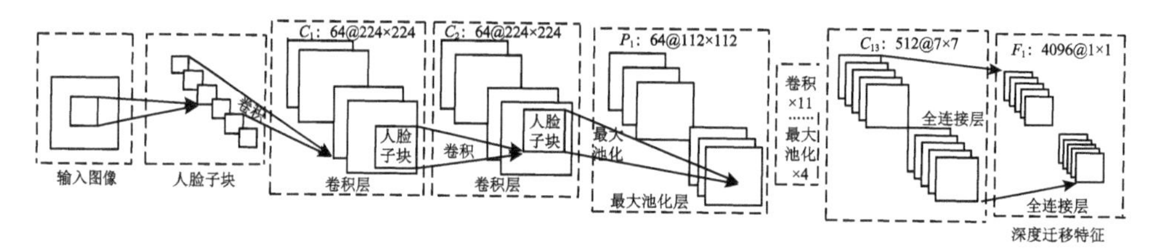

图 4.3　基于预训练 VGG-Face 的深度迁移表情特征提取

4.2.3　多视角网络增强森林

多视角网络增强森林的训练框图如图 4.4 所示，它由不同姿态视角条件下的多个网络增强子森林构成。每个子森林又由特殊视角下的深度迁移表情特征训练深度网络增强树而成。每棵深度网络增强树学习包括三个过程：增强联合层、节点学习层和多视角权重投票层。增强联合层在头部姿态条件下，利用不同视角下的条件深度网络对深度迁移表情特征进行联合增强表达，获得更加有区分力的深度增强特征表达；节点学习层采用 NCSF 函数在每个分裂节点对深度增强特征进行排序，学习条件深度网络增强森林的分裂节点，并迭代生长至叶子节点；多视角决策投票层通过权重选择不同视角下的叶子节点概率模型进行投票决策，分类多视角表情。

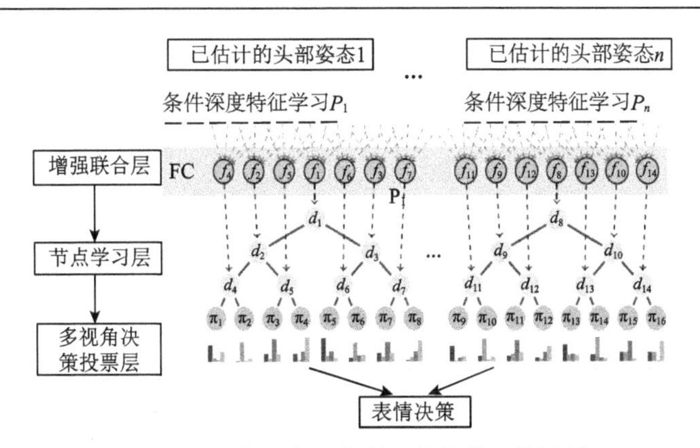

图 4.4　多视角网络增强森林的训练框图

在不同头部姿态下，基于预训练 VGG-Face 全连接层获得的深度迁移特征学习条件特征表达集 $\boldsymbol{P}$: $\{\boldsymbol{P}=(\boldsymbol{F}^j,\theta_i),\ \pi\}$。其中，$\boldsymbol{F}^j$ 为深度迁移表情特征，θ_i 为当前头部姿态，π 为表情类别标签。

1. 增强联合层

基于 CNN 中隐含层的连接函数 f_n，强化人脸子块的条件特征表达 $\boldsymbol{P}$，用强化后的特征表达作为网络增强森林的节点特征选择 d_n：

$$d_n(\boldsymbol{P},\boldsymbol{Y}\mid\boldsymbol{\Omega}_\theta)=\sigma(f_n(\boldsymbol{P},\boldsymbol{Y}\mid\boldsymbol{\Omega}_\theta)) \tag{4.2}$$

式中：σ 为 Sigmoid 函数；$\boldsymbol{\Omega}_\theta$ 为不同姿态视角下的表情子森林；n 为深度网络增强森林的一个分裂节点；$\boldsymbol{Y}$ 为网络模型参数。深度网络增强森林中一棵训练树的节点数量即为该增强联合层的输出增强特征维数。

2. 节点学习层

为了学习和生长分裂节点，我们联合决策树的度量函数信息增益（IG）和深度网络模型的损失函数，提出 NCSF 分裂模型用以多视角深度网络增强树的节点生长。

首先，随机梯度下降算法（stochastic gradient descent，SGD）用以最小化模型风险：

$$\boldsymbol{Y}^{(t+1)}=\boldsymbol{Y}^{(t)}-\frac{\eta}{|\boldsymbol{B}|}\sum_{(\boldsymbol{P},\pi)\in\boldsymbol{B}}\frac{\partial \boldsymbol{L}(\boldsymbol{Y},\pi;\boldsymbol{P})}{\partial \boldsymbol{Y}} \tag{4.3}$$

式中：$\eta>0$ 为学习率；π 为表情类别标签；$\boldsymbol{B}$ 为随机抽取的特征子集；$\boldsymbol{L}(\boldsymbol{Y},\pi;\boldsymbol{P})$ 是训练特征集的损失项：

$$\boldsymbol{L}(\boldsymbol{Y},\pi;\boldsymbol{P})=-\sum_n p(\pi\mid d_n,\boldsymbol{Y},\boldsymbol{P})\log(p(\pi\mid d_n,\boldsymbol{Y},\boldsymbol{P})) \tag{4.4}$$

其中：$p(\pi|d_n,\boldsymbol{Y},\boldsymbol{P})$ 为学习的表情概率。根据求导链式法则，可得

$$\frac{\partial \boldsymbol{L}(\boldsymbol{Y},\pi;\boldsymbol{P})}{\partial \boldsymbol{Y}}=\sum_{n\in N}\frac{\partial \boldsymbol{L}(\boldsymbol{Y},\pi;\boldsymbol{P})}{\partial f_n(\boldsymbol{P},\boldsymbol{Y}|\theta)}\cdot\frac{\partial f_n(\boldsymbol{P},\boldsymbol{Y}|\theta)}{\partial \boldsymbol{Y}} \tag{4.5}$$

第二项求导可由网络参数优化得到。第一项求导依赖于树的左、右子节点特征选择，可得

$$\frac{\partial \boldsymbol{L}(\boldsymbol{Y},\pi;\boldsymbol{P})}{\partial f_n(\boldsymbol{P},\boldsymbol{Y}|\theta)}=-\sum\nolimits_n(d_n^{\mathrm{R}}(\boldsymbol{P},\boldsymbol{Y}|\theta)+d_n^{\mathrm{L}}(\boldsymbol{P},\boldsymbol{Y}|\theta)) \tag{4.6}$$

式中：$d_n^{\mathrm{R}}(\boldsymbol{P};\boldsymbol{Y}|\theta)$ 和 $d_n^{\mathrm{L}}(\boldsymbol{P};\boldsymbol{Y}|\theta)$ 分别表示树的左、右子节点。当信息增益[75]最大时，分裂生成树的左、右子节点。当树的深度达到最大或者损失函数迭代收敛后，生成叶子节点，否则继续迭代节点学习。

3. 多视角权重投票层

当生成叶子节点后，$p(\pi|\theta,l)$ 定义为叶子节点上头部姿态视角 θ 下的表情概率模型，可表示为多参数的高斯混合模型[76]，即

$$p(\pi|\theta,l)=N(\pi|\theta;\overline{\pi|\theta},\boldsymbol{\Sigma}_l^{\pi|\theta}) \tag{4.7}$$

式中：$\overline{\pi|\theta}$ 和 $\boldsymbol{\Sigma}_l^{\pi|\theta}$ 为叶子节点上的表情概率均值和协方差矩阵。

为了消除不同视角对表情识别的影响，采用多视角权重投票算法对不同视角子森林叶子节点 l 上人脸子区域块的表情概率进行投票，获得视角子森林 $\boldsymbol{\Omega}_\theta$ 的表情类别概率 $p(\pi|\boldsymbol{\Omega}_\theta)$，即

$$p(\pi|\boldsymbol{\Omega}_\theta)=\frac{1}{M}\sum_{t=1}^{M}C_\theta p_{a_t}(\pi|\theta,l) \tag{4.8}$$

式中：a_t 为子森林 $\boldsymbol{\Omega}_\theta$ 中的树；C_θ 为视角子森林的权值；M 为子森林中训练树的棵树。

4.2.4 多视角估计

为了消除和校正头部姿态对表情识别的影响，准确的头部姿态估计是多视角表情识别成功的前提。图 4.5 描述了头部姿态估计过程。在头部姿态运动的三个维度中，由于自然环境中水平视角对表情影响最大，将头部姿态在水平方向上分为 9 个不相交的子集：{90°，60°，45°，30°，0°，−30°，−45°，−60°，−90°}，即 9 类不同视角。将每一个视角上训练头部姿态的概率模型作为表情识别的先验概率。头部姿态的多参数高斯概率模型，即

$$p(\theta \mid l) = N(\theta; \overline{\theta}, \boldsymbol{\Sigma}_l^{\theta}) \tag{4.9}$$

式中：$\overline{\theta}$ 和 $\boldsymbol{\Sigma}_l^{\theta}$ 为叶子节点上头部姿态概率的均值和协方差矩阵。

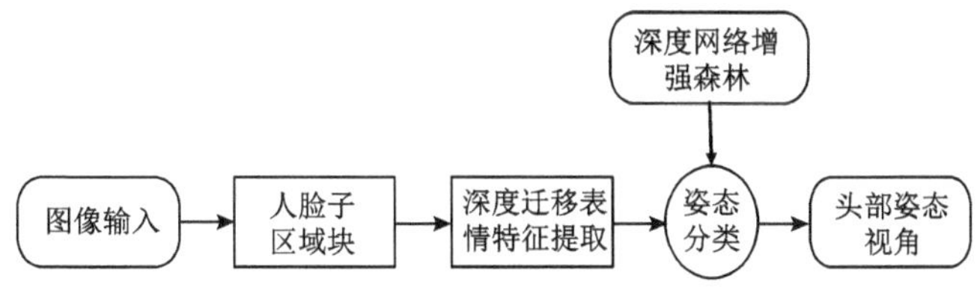

图 4.5　基于 M-DNF 的头部姿态估计

4.2.5　多视角条件概率和自发表情识别

基于头部姿态参数建立表情的先验条件概率模型，模拟多视角表情概率 $p(\pi \mid \boldsymbol{P})$，即

$$p(\pi \mid \boldsymbol{P}) = \int p(\pi \mid \theta, \boldsymbol{P}) p(\theta \mid \boldsymbol{P}) \mathrm{d}\theta \tag{4.10}$$

为了获得 $p(\pi \mid \theta, \boldsymbol{P})$，训练集首先基于 θ 分为不同视角下的训练子集，θ 参数空间可离散化为不相交的子集 $\boldsymbol{\Omega}_c$，上述公式可转化为

$$p(\pi \mid \boldsymbol{P}) = \sum_c (p(\pi \mid \boldsymbol{\Omega}_c, \boldsymbol{P}) \int p(\theta \mid \boldsymbol{P}) \mathrm{d}\theta) \tag{4.11}$$

式中：$p(\theta \mid \boldsymbol{P})$ 由头部姿态估计获得；条件概率 $p(\pi \mid \boldsymbol{\Omega}_c, \boldsymbol{P})$ 可通过基于不相交的子集 $\boldsymbol{\Omega}_c$ 训练获得。最终，表情类别的概率 $p(\pi \mid \boldsymbol{P})$ 由条件的多视角权重投票计算所得，即

$$p(\pi \mid P) = \frac{1}{C} \sum_{c=1}^{C} p(\pi \mid \boldsymbol{\Omega}_c) p(\theta \mid \boldsymbol{\Omega}_c) \tag{4.12}$$

式中：C 为子森林 $\boldsymbol{\Omega}_c$ 的个数；$p(\pi \mid \boldsymbol{\Omega}_c)$ 由式（4.8）所得；$p(\theta \mid \boldsymbol{\Omega}_c)$ 为该视角的头部姿态条件概率。

4.3　实验和分析

4.3.1　实验参数设置

M-DNF 在 CK+人脸表情数据集、多视角 BU-3DFE 人脸表情数据集和自然环境下 LFW 数据集上进行了训练和测试。采用 5 折交叉验证的方法进行测试，80%的数据用以训练，20%的数据用以测试。本书的训练数据集均没有经过任何数据增强处理，M-DNF 在三个数据集上的平均识别率分别为 98.85%、86.63%和 57.2%。可见，M-DNF 可以在有限训练样本数量下，达到大数据集的训练效果。

图 4.6 显示了 M-DNF 在三个数据集（CK+、BU-3DFE 和 LFW）上的成功示例。训练集包括 1086 张 CK+图片、1722 张 BU-3DFE 图片和 2000 张 LFW 图片。测试集包括 368 张 CK+图片、574 张 BU-3DFE 图片和 500 张 LFW 图片。另外，本章实验基于 Caffe[77]框架训练 M-DNF。我们在训练中选取的一些重要参数包括：学习率（0.01）、epochs（5000）、分裂迭代次数（1000）和树的深度（15）。

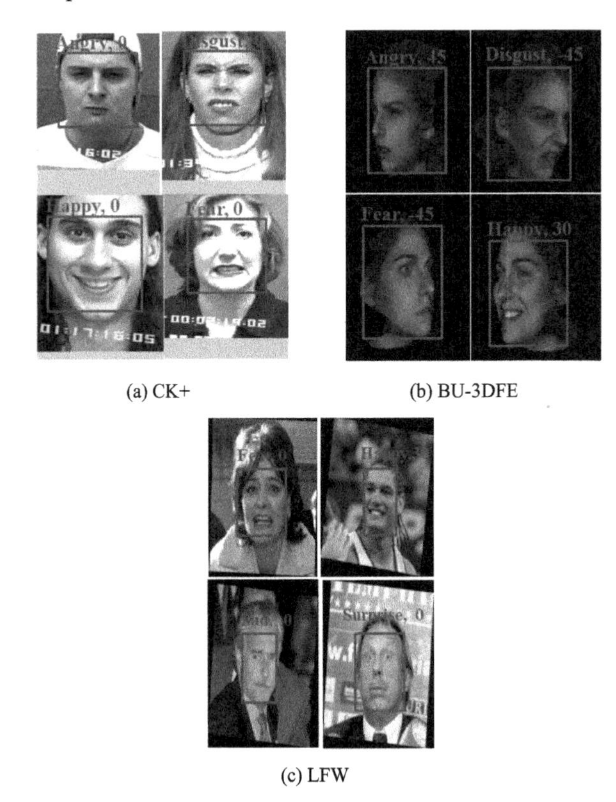

(a) CK+　　(b) BU-3DFE

(c) LFW

图 4.6　M-DNF 在三个数据集上的实验结果

4.3.2　CK+数据集的实验分析

图 4.7 描述 M-DNF 在 CK+数据集上的表情识别混淆矩阵。从图 4.7 中可知，M-DNF 在六类人脸表情的识别准确率都高于 96%，平均识别准确率达到 98.85%。

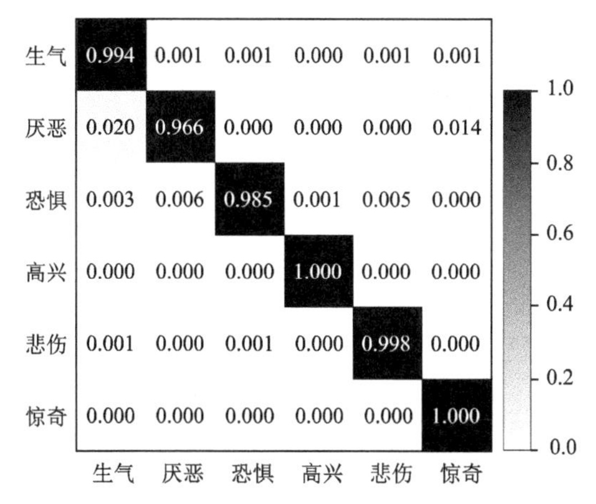

图 4.7　CK+数据集的表情识别混淆矩阵

为了与最新人脸表情识别方法对比，表 4.1 描述了 M-DNF 与 7 种不同算法在 CK+数据集上的平均识别准确率和均方误差。7 种算法包括：霍夫森林（Hough Forests[65]）、条件对随机森林（pairwise conditional random forests，PCRF）[78]、人脸运动单元唤醒深度网络（Au-aware deep networks，Au-aware DNN）[79]、MKL multi-class SVM[80]、级联深度神经网络（jointly fine-tuning neutral network）[108]，CNN[73]和 C-CNN[81]方法。HF 提出了霍夫森林方法，识别序列图像表情，达到了 87.1%的平均识别准确率和 0.7 的均方误差。文献[78]提出了 PCRF 方法，基于图像对的异质差特征学习随机森林模型，在正脸表情数据集上可以达到 96.4%的平均识别准确率。Au-aware deep networks[79]通过表情肌肉运动模型设计了一种先验知识学习深度网络模型，可以将表情分解为一组不同的 Au 运动单元组合。该方法可以达到 92.05%的平均识别准确率和 0.7 的均方误差。文献[80]采用多类 SVM 分类六类基本表情，获得 93.6%的平均识别准确率和 0.8 的均方误差。2D JFDNN 为一种级联的深度网络模型，级联了时间纹理模型和几何特征模型，可以获得 97.3%的平均识别准确率和 1.2%的均方误差。文献[73]采用 DCNN 估计六类人脸表情，在训练数据增强下可以获得 97.8%的平均识别准确率。文献[81]采用了组合卷积神经网络和特殊的图像预处理方法，在 CK+数据集上获得 91.64%的平均准确率。M-DNF 方法在 CK+数据集的平均识别准确率达到 99.02%，均高于其他方法。同时，在 CK+数据集上 M-DNF 的均方差仅为 0.5%，显示了 M-DNF 的鲁棒性。

表 4.1　CK+数据集上本书方法与其他方法的对比

方法	表情类别	平均识别准确率/%	均方误差
Hough Forests	6	87.1	0.7
PCRF	6	96.4	1.1
Au-aware DNN	6	92.05	0.7

续表

方法	表情类别	平均识别准确率/%	均方误差
MKL-MSVM	6	93.6	0.8
2D JFDNN	6	97.3	1.2
CNN	6	97.8	1.3
C-CNN	6	91.64	2.5
M-DNF	6	99.02	0.5

4.3.3 BU-3DFE 多视角表情数据集的实验分析

1. 头部姿态参数估计

为了减少姿态对表情识别的影响，M-DNF 首先对 BU-3DFE 数据集进行 9 类头部姿态估计。在头部姿态估计中，实验参数和表情识别参数一致。M-DNF 估计 9 类水平旋转的头部姿态，平均估计准确率为 98.4%，见表 4.2。可见，M-DNF 可以很好地配准头部姿态变化。

表 4.2 BU-3DFE 数据集的头部姿态估计准确率

姿态视角/（°）	−90	−60	−45	−30	0	30	45	60	90
估计准确率/%	99.7	97.3	97.3	99.1	99.5	99.0	97.6	97.2	99.5

2. 多视角表情识别

图 4.8 描述了 M-DNF 在 BU-3DFE 多视角表情数据集上的表情识别混淆矩阵。不同视角下的平均识别准确率达到 86.63%。

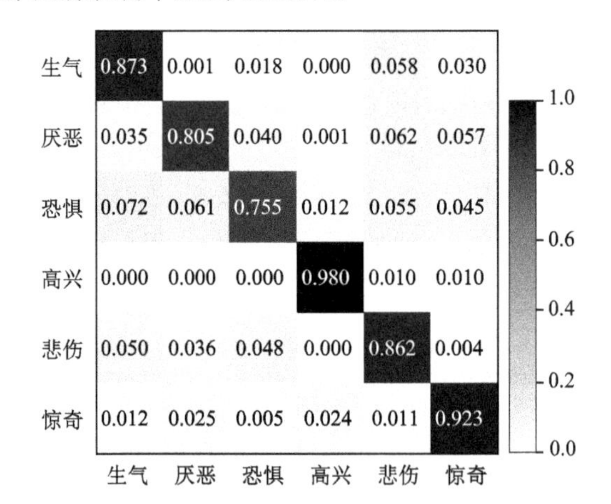

图 4.8 M-DNF 在 BU-3DFE 多视角表情数据集上的表情识别混淆矩阵

为了更好地评估 M-DNF 在多视角 BU-3DFE 数据集上的识别结果，表 4.3 对比了 M-DNF 与其他最新的表情识别方法，包括 CNN[64]、PCRF[78]、2D JFENN、耦合高斯过程回归（coupled Gaussian process regression，CGPR）[82]、组稀疏减少的等级回归（group sparse reduced-rank regression，GSRRR）[80]和 SIFT 驱动的深度神经网络（deep neural network-driven SIFT feature，DNN-D）[83]。CNN 在 BU-3DFE 上的准确率为 68.9%，而基于 PCRF 的准确率为 76.1%。DNN-D[83]的多视角表情识别的准确率可以分别达到 78.9%和 80.1%。我们提出的 M-DNF 方法，在 9 类变化视角下，平均准确率达到 86.63%，同时 0.6%的均方误差显示了 M-DNF 的鲁棒性。

表 4.3　M-DNF 与其他方法在多视角 BU-3DFE 上的对比

方法	姿态类别	平均准确率/%	均方误差/%
CNN	9	68.9	1.5
PCRF	5	76.1	1.0
2D JFDNN	5	72.5	1.3
CGPR	5	76.5	0.8
GSRRR	9	78.9	1.0
DNN-D	9	80.1	0.8
M-DNF	9	86.63	0.6

3. 不同姿态视角下的表情识别率对比

图 4.9 描述了在不同视角下 M-DNF 与 GSRRR[80]和 DNN-D[83]的表情平均识别率对比。M-DNF 在水平右方向五个不同视角下均高于另外两种方法的识别率。M-DNF 在不同视角下的平均识别准确率达到 86.63%。从图中可见，在头部姿态为 0°时的准确率最高，为 90.02%，而在头部姿态 90°视角时准确率降低到 82.30%。即便如此，M-DNF 在大视角变化下也能获得较好的识别结果，识别率均高于 GSRRR 和 DNN-D 5%以上。

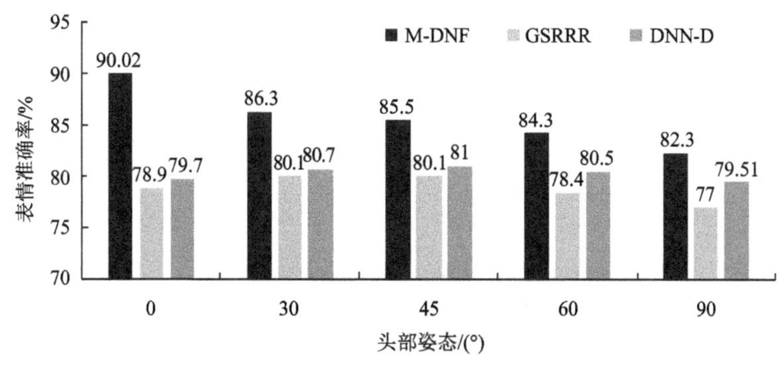

图 4.9　不同视角下的表情平均识别率对比

4.3.4 LFW 自然环境中表情数据集的实验分析

1. 头部姿态参数估计

在 LFW 人脸数据集中，由于数据集采集于自然场景中的图片，我们自动分类了水平五类头部姿态视角，即–90°、–45°、0°、45°、90°。表 4.4 描述了在 LFW 数据集的头部姿态估计准确率。M-DNF 在自然环境下的 LFW 数据集的平均估计准确率为 87.5%，高于现在自然环境下头部姿态估计的基准识别率。

表 4.4　LFW 数据集的头部姿态估计准确率

姿态视角/（°）	–90	–45	0	45	90
估计准确率/%	89.2	85.9	90.3	85.5	87.3

2. 自然环境中多视角表情识别

图 4.10 描述了 M-DNF 在自然环境下 LFW 数据集上的人脸表情识别混淆矩阵，平均的识别准确率为 57.2%。最高的表情识别结果为高兴，平均识别率达到 83%，其次是惊奇，平均识别率为 61.2%。

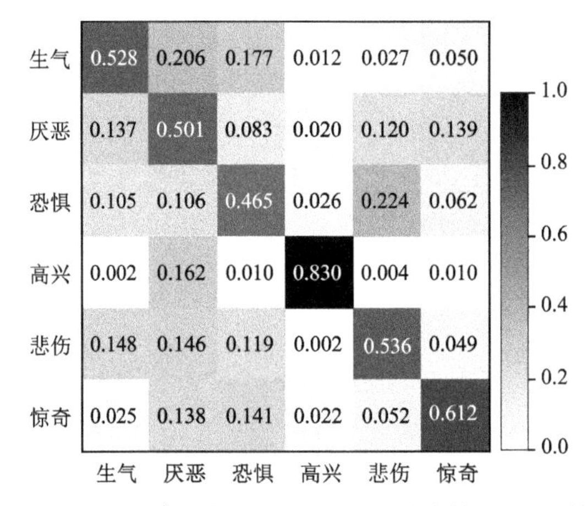

图 4.10　自然环境中多视角下 LFW 人脸表情识别混淆矩阵

表 4.5 描述了 M-DNF 在 LFW 数据集的不同视角下，与其他方法的对比结果。从表 4.5 中可知，M-DNF 在识别准确率上优于 CNN、PCRF[78]，SVM[80]和 RF 多分类[75]方法。在视角为 90°的大姿态变化下，M-DNF 的识别准确率达到 50.16%，分别高于 CNN 和 PCRF 分别 3.43%和 9.96%，均高于 RF 和 SVM 15%以上。

表 4.5　M-DNF 与其他方法在 LFW 上的多视角识别准确率对比（%）

不同方法	0°	45°	90°
M-DNF	66.75	54.52	50.16
CNN	52.32	48.81	46.73
PCRF	52.14	42.92	40.20
SVM 多分类	45.40	36.57	32.60
RF 多分类	46.8	36.23	34.73

4.3.5　不同方法时间效率的比较

表 4.6 描述了 M-DNF 与 RF、SVM 和 CNN 的时间效率分析，包括训练时间、测试时间和模型大小。从表 4.6 中可见，M-DNF 的训练时间为 1520s，远远低于 CNN 和 RF，略低于 SVM。M-DNF 的测试时间为 113 ms，均快于其他三种方法。同时，M-DNF 的模型大小远远小于 CNN 模型大小，所需训练参数最少。可见，M-DNF 具有较高的效率。

表 4.6　不同方法的时间复杂度分析

方法	M-DNF	RF	SVM	CNN
训练时间/s	1 320	6 540	808	16 920
测试时间/ms	113	128	378	160
模型大小/Mb	102	134	—	233

第 5 章　多尺度高分辨率遥感影像场景分类

5.1　引　　言

随着 IKONOS、QuickBird 等高分辨率遥感卫星的发射，高分辨率遥感影像相比原来中、低分辨率的影像所包含的信息更加丰富。由于遥感影像场景中地物目标具有多样可变性、分布复杂性等特点，如何有效地对高分辨率遥感影像场景进行识别和语义提取成为了极具挑战的课题，已引起遥感学术界的广泛关注[84]。

近年来，CNN 作为深度学习的一个模型，在大规模影像分类和识别中已经取得了巨大成功[85]。CNN 通过卷积层在大规模训练集中提取影像的中层特征，并通过反向传播算法[86]在全连接层中自动学习影像的高层特征表达，最后采用 Softmax 函数对目标分类。因此相比传统机器学习方法，CNN 具有权值共享、模型参数少、自动高层特征表达和易于训练的优点，已经开始应用于高分辨率遥感影像识别领域[87-89]。可见，遥感影像场景分类发展迅速，由人工提取影像底、中层特征，再到利用深度学习自动获取高层特征，已经取得了不错的分类结果。但是还存在一些难点和问题：一方面，人工提取特征只能解释一定信息量的数据，且受环境、光照、遮挡等影响，对于信息量日益丰富的遥感影像数据的鲁棒性不高；另一方面，基于 CNN 的遥感影像场景分类研究中，良好的分类精度往往依赖于大量的训练数据，而在小数据集上容易出现过拟合问题[90]。

为了解决 CNN 在有限数据集上的训练问题，增强高分辨率遥感影像小数据集上的高层特征表达，本书提出了一种基于联合多尺度卷积神经网络（joint multi-scale CNN，JMCNN）的高分辨率遥感影像场景分类方法，如图 5.1 所示。JMCNN 级联了三个不同尺度、三个不同通道的子卷积神经网络，多尺度特征联合和 Softmax 函数分类。首先，将影像大小为 $N \times N$ 的遥感影像，进行三个尺度随机子区域提取，获得影像子区域大小分别为 $N/2 \times N/2$、$N/4 \times N/4$ 和

$N/8 \times N/8$，作为多通道卷积特征提取器输入。其次，提出多尺度特征联合模型，通过建立多个特征融合器对多通道不同尺度特征进行融合，实现高层特征的联合增强表达，提高网络的效率；最后，Softmax 函数用以对场景的联合增强特征进行分类。

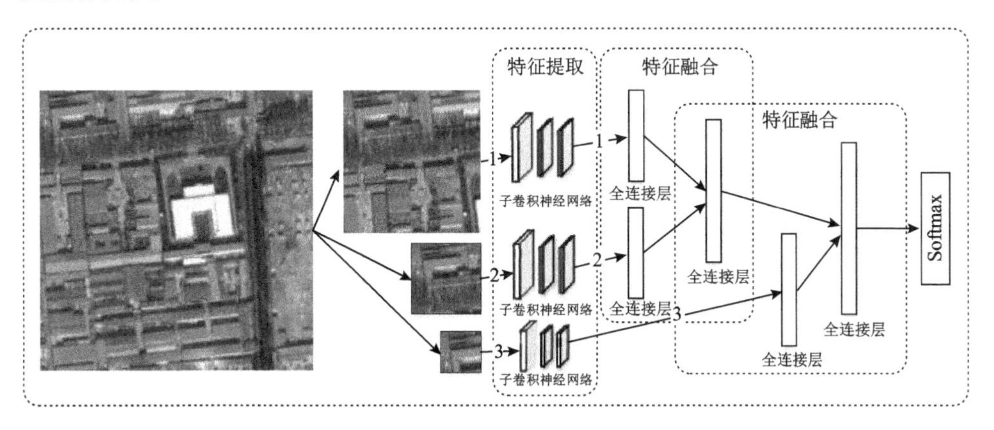

图 5.1　基于 JMCNN 的高分辨率遥感影像场景分类流程图

本章主要创新点为：第一，不同于现有 CNN 模型，本书提出了一种端对端的 JMCNN 模型，可以用更少的训练集实现高层特征的融合增强表达；第二，三个尺度和通道的多输入模型，有效解决了不同分辨率下的复杂图像分类，增强了模型的鲁棒性；第三，所提出的 JMCNN，通过建立多个特征融合器对多通道多尺度特征融合，实现高层特征的联合增强表达，提高了网络的效率。

5.2　JMCNN 网络结构

不同于以往分别训练多个 CNN[91]级联以增强特征表达的方式，JMCNN 建立了一个多尺度联合网络训练模型，包括多通道特征提取器、多尺度特征联合、联合损失函数三个部分。JMCNN 的网络结构如图 5.2 所示，它利用端对端的方式训练模型对参数进行全局优化，而不是对每一个 CNN 进行单独优化，且采用多通道子卷积网络提取不同尺度卷积特征，以及联合网络融合多尺度高层特征。最终 JMCNN 通过对多个通道的不同尺度的高层特征联合增强表达，实现在小样本训练集上的高精度分类。

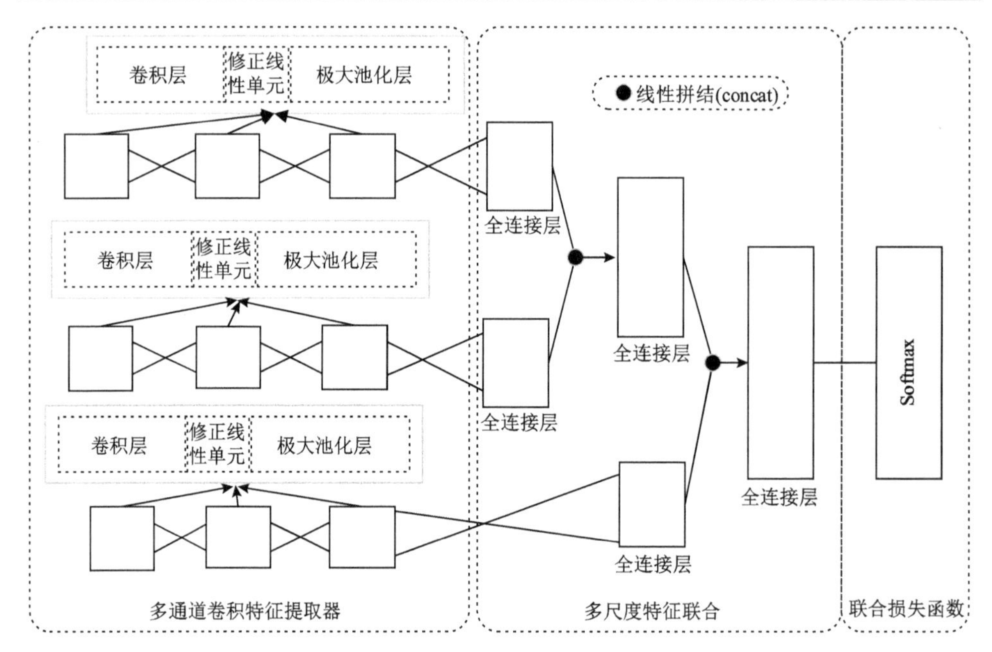

图 5.2 JMCNN 网络结构

5.2.1 多通道卷积特征提取

JMCNN 的多通道特征提取器是由三个单通道子卷积网络构成。每个单通道子卷积网络包括三个中间层，每个中间层分别由卷积层、ReLU[92]激活函数和极大池化层构成。

首先，对输入维度为 $N\times N$ 的遥感影像，随机提取三个不同尺度（$N/2\times N/2$、$N/4\times N/4$、$N/8\times N/8$）不同位置的子影像，再利用三个中间层提取卷积特征矩阵。其中，ReLU 具有稀疏激活性，使后面获得的高层特征矩阵稀疏度较大，利于后述的多尺度特征融合。

单通道子卷积网络的特征提取过程如下。

设输入影像为 $\boldsymbol{X}\in\boldsymbol{R}^{h\times w\times c}$，由宽卷积计算公式：

$$\boldsymbol{Y}^{i}=\boldsymbol{F}\otimes\boldsymbol{X}^{i}+\boldsymbol{b} \tag{5.1}$$

式中：h，w，c 分别为影像的高、宽、颜色通道总数；$\boldsymbol{F}$ 为 5×5 的卷积核；i 为通道的数值；$\boldsymbol{b}$ 为偏置项；$\otimes$ 为宽卷积运算。由于是宽卷积运算，输出的特征映射 $\boldsymbol{Y}\in\boldsymbol{R}^{h\times w\times c}$ 与 $\boldsymbol{X}$ 维度相同。然后，通过 ReLU 函数激活后和极大池化层计算特征映射 $\boldsymbol{M}_g\in\boldsymbol{R}^{b\times w\times c}$，其输出特征维度与 $\boldsymbol{Y}$ 相同，即为所提取的单通道卷积特征矩

阵 $\boldsymbol{M}_g$，其中 g 表示不同的特征通道。

在 JMCNN 中，三个不同尺度的子影像分别通过三个单通道卷积子网络，最终获得三个不同尺度的卷积特征矩阵 $\boldsymbol{M}\{\boldsymbol{M}_1，\boldsymbol{M}_2，\boldsymbol{M}_3\}$。

5.2.2　多尺度特征联合

为了增强特征的表达能力，多尺度特征联合将对多通道卷积特征进行多尺度融合增强，获得高层特征增强表达。与 Inception 模块[98]相比，多尺度特征联合包括了两个级联的特征融合过程，从而减少了全连接层总连接数，提升了模型效率。第一个是将多通道特征提取器中输入图像尺寸为 $N/2\times N/2$ 和 $N/4\times N/4$ 的两个特征矩阵 $\boldsymbol{M}_1$、$\boldsymbol{M}_2$，利用特征融合器 f 进行联合，得到一个新的融合特征 $\boldsymbol{T}_{\mathrm{M}}$；第二个特征融合过程是将 $\boldsymbol{T}_{\mathrm{M}}$ 与多通道特征提取器中输入影像大小为 $N/8\times N/8$ 的特征矩阵 $\boldsymbol{M}_3$ 再次使用 f 融合，最终获得高层增强联合特征表达 $\boldsymbol{T}_{\mathrm{F}}$，如下式：

$$\begin{aligned}\boldsymbol{T}_{\mathrm{M}} &= f(\boldsymbol{M}_1,\ \boldsymbol{M}_2)\\ \boldsymbol{T}_{\mathrm{F}} &= f(\boldsymbol{T}_{\mathrm{M}},\ \boldsymbol{M}_3)\end{aligned} \tag{5.2}$$

图 5.3 为单个特征融合器 f 的结构图，图 5.4 为特征融合器 f 的算法过程。假设任一个融合器输入的两个特征矩阵为 $\boldsymbol{M}_1$、$\boldsymbol{M}_2\in\boldsymbol{R}^{h\times w\times c}$，首先将 $\boldsymbol{M}_k$（$k=1,\ 2$）以行、列、颜色通道的顺序展平为特征向量 $\boldsymbol{K}_i\in\boldsymbol{R}^{1\times(h\times w\times c)}$ 然后将特征向量分别代入全连接层计算并使用 ReLU[13]激活：

$$\boldsymbol{V}_i=\boldsymbol{K}_i\boldsymbol{W}+\boldsymbol{b} \tag{5.3}$$

$$\boldsymbol{T}_i=\mathrm{ReLu}（\boldsymbol{V}_i） \tag{5.4}$$

式中：$\boldsymbol{T}_i$ 为 1024 维的特征向量；$\boldsymbol{W}\in\boldsymbol{R}^{(h\times w\times c)\times 1024}$；$\boldsymbol{b}$ 为偏置向量。$\boldsymbol{T}_1$ 和 $\boldsymbol{T}_2$ 通过“concat”变换成一个新的特征向量 $\boldsymbol{V}_3$，再将此向量通过一个全连接层计算得出最终的高层增强特征表达。其中，“concat”定义为两个特征向量的线性拼接，得到特征向量 $\boldsymbol{V}_3$ 空间维度为 $\boldsymbol{V}_3\in\boldsymbol{R}^{1\times 2048}$。最后，式（5.4）再对 $\boldsymbol{V}_3$ 进行激活，得到融合的高层特征向量 $\boldsymbol{P}\in\boldsymbol{R}^{1\times 512}$。

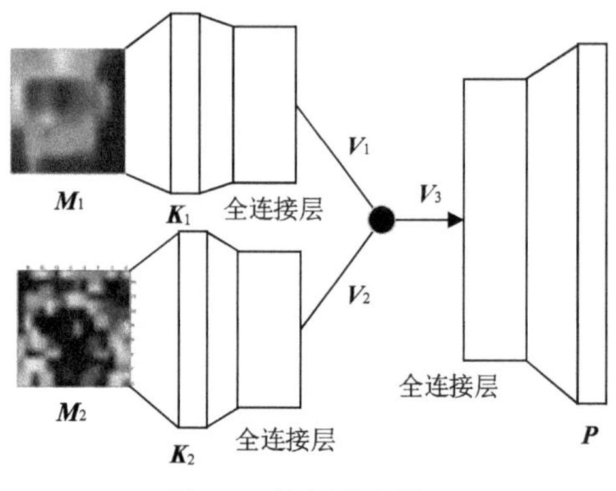

图 5.3　特征融合器

算法：特征融合算法

输入：特征矩阵$\boldsymbol{M}_1$、$\boldsymbol{M}_2$，权重矩阵$\boldsymbol{W}_1$、$\boldsymbol{W}_3$、$\boldsymbol{W}_3$，偏置向量$\boldsymbol{b}_1$、$\boldsymbol{b}_2$、$\boldsymbol{b}_3$.

输出：融合特征向量$\boldsymbol{P}$.

1. 平两个特征矩阵$\boldsymbol{M}_1$、$\boldsymbol{M}_2$，得到$\boldsymbol{K}_i$=reshape($\boldsymbol{M}_k$) , (k=1,2)
2. 全连接层得到$\boldsymbol{V}_i$=$\boldsymbol{K}_i\boldsymbol{W}_i$+ $\boldsymbol{b}_i$.
3. 激活得到$\boldsymbol{T}_i$=ReLU($\boldsymbol{V}_i$).
4. 融合特征向量$\boldsymbol{T}_1$和$\boldsymbol{T}_2$，得到$\boldsymbol{V}_3$ = concat($\boldsymbol{T}_1$，$\boldsymbol{T}_2$).
5. ReLU激活，得到最终的特征向量$\boldsymbol{P}$ = ReLU($\boldsymbol{V}_3\boldsymbol{W}_3$+$\boldsymbol{b}_3$).
6. Return $\boldsymbol{P}$

图 5.4　特征融合器算法过程

此外，为了防止过拟合问题，我们采用一种概率线性融合方式对两个特征向量进行融合。即在训练过程中每个全连接层后连接了一个 dropout[94]层，即每次随机保留一部分神经元参与训练。

5.2.3　Softmax 分类器及损失函数

JMCNN 模型采用 Softmax 分类器，因此本小节主要阐述模型的损失函数。JMCNN 的损失函数为交叉熵损失与正则化项之和，即在经验风险上加上表示模型复杂度的结构风险。

设 Softmax 函数输出的向量为$\boldsymbol{Y} \in \boldsymbol{R}^{1\times n}, \boldsymbol{Y} = (y_1, y_2, \cdots, y_n)$，式中，$n$ 为样本类别数，y_i 为向量中第 i 个元素的实数值。

损失函数可表示为

$$
\begin{aligned}
L_M^k &= -\sum_i P^{k'} \log(P^k) + \frac{1}{2}\lambda \left\| W_i^k \right\|^2 \\
\lambda &= \prod_i \text{weight\_decay}_i
\end{aligned} \tag{5.5}
$$

式中：前一项是交叉熵损失函数，后一项是权值的 L2 正则项，λ 为正则项系数，其由各权值的衰减系数乘积决定。式（5.5）引入了正则项的损失函数，其作为损失函数的一个惩罚项，平衡经验风险与模型复杂度，能有效防止过拟合现象。

5.3　多尺度高分辨率遥感影像场景分类

5.3.1　遥感影像数据预处理

为了能更好地表达遥感影像中的场景信息，在开始训练 JMCNN 之前，需要对高分辨率遥感影像进行数据预处理，以增加样本的多样性。首先，对于一张大小为 $N\times N$ 的影像，随机提取大小为 $[0.875N\times 0.875N]$ 的图像区域。其次，通过图像归一化算法，调整影像的对比度和亮度，减少光照对场景分类的噪声影响。最后，在归一化的图像区域中，随机提取 $[N/2\times N/2]$、$[N/4\times N/4]$ 和 $[N/8\times N/8]$ 三个不同尺度不同位置的子区域块，作为 JMCNN 的多尺度输入。

5.3.2　遥感影像场景分类

JMCNN 由三个通道的卷积特征提取器组成，每个特征提取器由三个卷积层、ReLU 激活函数和池化层构成，每个卷积层的卷积图个数为 64。卷积层的卷积核的大小均为 5×5，步长为 1，权重衰弱系数为 0，即卷积层的权值的 L2 范数不加入正则项。池化层的卷积核的大小均为 3×3，步长为 2。其中卷积层、池化层中的卷积运算均采用宽卷积运算。图 5.5（a）为一张遥感影像示例，图 5.5（b）为该图像通过多通道卷积特征提取，得到三个通道的特征矩阵。

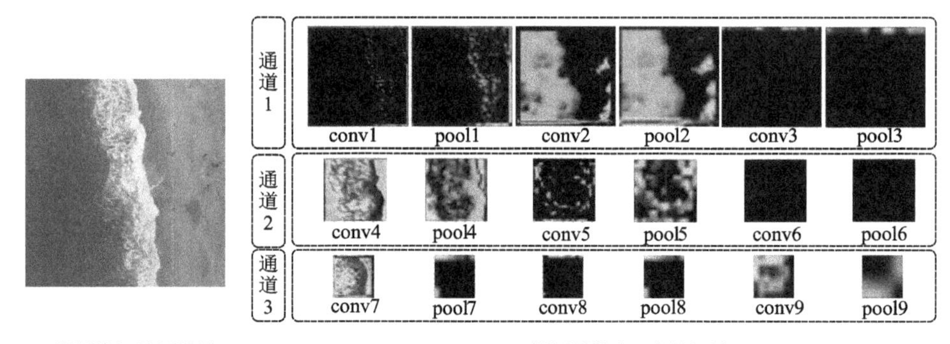

(a) 样例输入(沙滩场景)　(b) 样例图的多尺度特征图

图 5.5　遥感影像及其多通道特征图

多尺度特征联合过程由两个特征融合器构成。特征融合器中的全连接层的权值衰减系数均设置为 0.004，即全连接层的权值的 L2 范数均加入正则项。图 5.6 描述了多尺度特征联合中的特征向量融合过程。

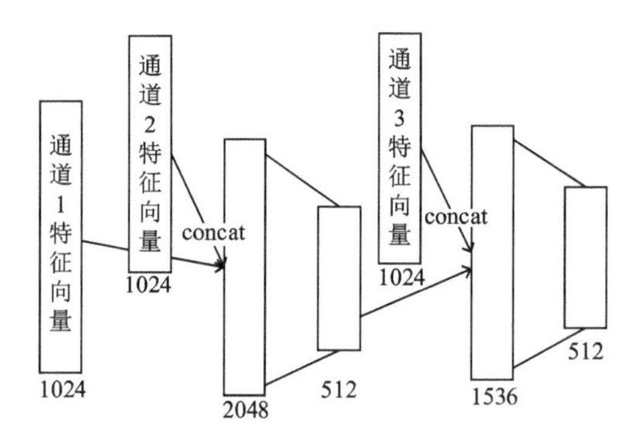

图 5.6　多尺度特征向量融合过程

如图 5.6 所示，第一个特征融合器的输入参数是两个不同尺度影像中根据特征矩阵的稀疏程度提取的特征向量，维度为 1024。“concat”后维度为 2048，再通过全连接层线性融合后得到特征向量，其输出维度为 512。

第二个特征融合器的输入参数分别为卷积特征通道所提取的特征向量（维度为 1024）和由第一个特征融合器融合的 512 维特征向量，通过“concat”，输出特征向量维度为 1536。接着进入全连接层线性融合后得到特征向量的输出维度为 512。

为了防止融合得到的特征向量产生过拟合现象，需要适当降低全连接层的复杂度，我们在每个特征融合器后面加入一个 dropout 层。dropout 层会使全连接层中的每个神经元以一定的概率“失活”，使得模型复杂度降低、计算量减少、模型收敛更快和泛化增强。参考 GoogLeNet[93]，我们将第一个特征融合器的保留概率设置为 0.6，第二个设置为 0.7。

Softmax 分类器用以对图 5.6 联合提取的 512 维的高层增强特征向量进行分类，获得最终的影像场景类别。假设，输出一个维数与场景类别数 n 相同的一个向量 $\boldsymbol{Y}=\{\boldsymbol{Y}_i\}$，其中 $\boldsymbol{Y}_i(i=1,2,3,\cdots,n)$ 为该场景影像属于类别 i 的概率。Softmax 采用 $\boldsymbol{Y}_i$ 最大概率判别该场别影像的类别 i，如图 5.7 所示。

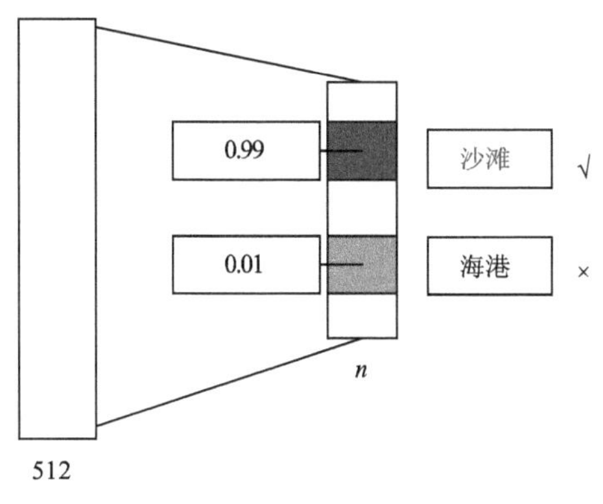

图 5.7　Softmax 分类

5.4　实验和分析

为了有效地评估 JMCNN 模型在高分辨率遥感影像场景的分类，我们在 UCM 和 SIRI[95-97]两个高分辨率遥感影像数据集上分别进行了实验和分析，并与其他方法进行对比。实验均采用 5 折交叉验证，实验结果表明 JMCNN 可以在小数据集上实现较好的分类结果。

5.4.1　实验参数设置

实验环境：实验均在载有两块 NVIDA GeForce GTX 1080 的显卡、Inter®core™ i7-6700K CPU@ 4.00GHz、RAM：32.0GB 的工作站上进行。实验框架为 TensorFlow[98]。

实验验证方案：在实验中，均采用 5 折交叉验证方案，将数据集随机划分为 5 等份，每次利用其中 4 份作为样本集，余下 1 份即为测试集，轮流 5 次，取分类精度的平均值。

5.4.2　实验 1UCM 数据集场景识别

表 5.1 描述了使用不同网络结构和特征的场景分类时间和准确率的比较。表 5.1 第一行中“网络”“Size”“F”“Acc”“Kappa”，分别表示“网络结构”“增强后数据集大小”“单次前向计算耗时”“识别准确率”“Kappa 系数”。实验中，CNN（6conv+2fc）代表卷积神经网络结构为 6 个卷积层（卷积核 5×5，步长为 1，卷积核数量分别为 60、50、64、128、256、512）且每个卷积层后接一个池化层（卷积核 3×3，步长为 2）和 2 个全连接层（输出维度分别为 1024、2048）和 Softmax 分类器。每个卷积层后均接极大池化层和 ReLU 激活函数，第一个全连接层的激活函数为 ReLU。CNN（5conv+2fc）的网络结构为 5 个卷积层（卷积核参数设置不变，卷积核数量分别为 60、50、64、256、512）。

表 5.1　使用不同网络和特征的时间和精度比较

网络	Size/张	F/ms	Acc/%	Kappa
CNN（6conv+2fc）	2 100	216	64.27	0.6123
CNN（6conv+2fc）	2 100 × 36	218	85.76	0.8512
CNN（5conv+2fc）	2 100 × 36	211	83.22	0.8022
CNN（6conv+2fc）	2 100 × 240	223	90.33	0.8993
JMCNN	2 100	153	89.30	0.8742
JMCNN	2 100 × 36	158	93.00	0.9262
JMCNN	2 100 × 240	145	98.30	0.9677

表 5.1 显示，数据集大小同为 2100 张影像时，JMCNN 比 CNN（6conv+2fc）识别精度高出 25.03%，说明在小数据集上利用融合后的多尺度特征的分类精度远远高于单一尺度的特征。同时，JMCNN 所用的卷积核数量远小于 CNN（6conv+2fc）和 CNN（5conv+2fc），时间效率提高了 30%，一次前向计算时间减少到 145ms。

同时，表5.1还对比了数据适当增广36倍和240倍后的分类效率和准确率。实验中所用的数据增广方法为在原影像上随机提取出9张影像，再令这9张影像顺时针旋转0°、90°、180°、270°，从而获得了36倍增广数据集。240倍增广数据是通过先保留图像的60%、62%、64%、66%、68%、70%得到6个子影像，再在这6个子影像上随机提取出10张影像，然后按上述方法旋转4个角度，从而获得

6×10×4=240倍的增广数据集。从实验结果可见，数据集大小为2 100×36时，JMCNN相比CNN（5conv+2fc）识别准确率要高出9.78%，比CNN（6conv+2fc）网络要高出7.24%。而在相同网络结构之间，通过增强训练数据，JMCNN识别精度最大提升了9%，CNN识别精度最大提升了25.06%。数据表明，相对于传统的CNN网络，JMCNN对大数据训练的依赖性更小，在小样本训练的情况下可以获得较强的高层特征。此外，Kappa系数的结果表明，JMCNN具有更好的分类一致性，其泛化能力更强。

为了进一步说明JMCNN在不同数据维度下的特征表达能力，图5.8描述了JMCNN和CNN在不同维度的训练样本数量下的识别精度对比结果。图5.8表明，随着数据量增加，两种模型的识别精度均有提升，识别精度随数据量的增大而减小，并逐渐收敛。CNN模型随着数据量的增加，精度显著提升，表明其特征质量与训练样本数据量相关程度较大，模型在数据量较小时特征表达不充分。JMCNN的识别精度随数据量的增加变化较为平缓，通过多通道多尺度高层特征的联合增强，能在小样本数据集上训练充分，获得较高的精度。

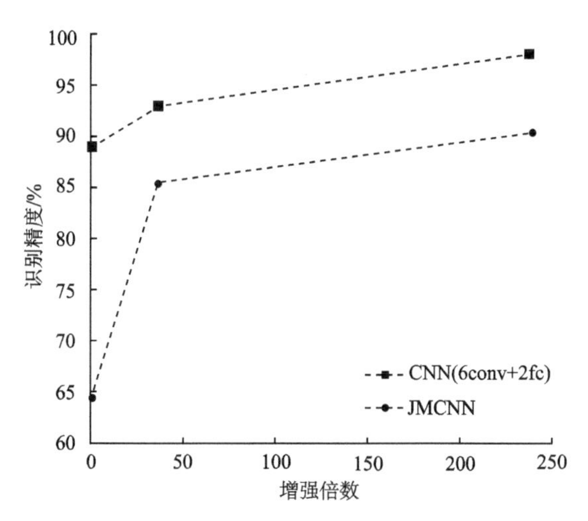

图 5.8　JMCNN 和 CNN 在不同数据量的识别精度

图5.9为JMCNN在UCM训练数据无增广时的识别精度混淆矩阵。可见，JMCNN对大部分场景的识别精度高于90%，对于极个别（13）中等住宅区、（20）储油罐识别精度低于70%，相比于传统CNN（6conv+2fc）的分类结果，JMCNN在（2）机场、（3）棒球场、（16）停车场、（17）河流等场景类别的识别精度提升显著，最高提升了28.72%，总体提升了25.03%，可见JMCNN对于尺度变化较大的场景类别识别更加准确。

	1	2	3	4	5	6	7	8	9	10	11	12	13	14	15	16	17	18	19	20	21
1	1	0	0	0	0	0	0	0	0	0	0	0	0	0	0	0	0	0	0	0	0
2	0	1	0	0	0	0	0	0	0	0	0	0	0	0	0	0	0	0	0	0	0
3	0	0	1	0	0	0	0	0	0	0	0	0	0	0	0	0	0	0	0	0	0
4	0	0	0	0.96	0.04	0	0	0	0	0	0	0	0	0	0	0	0	0	0	0	0
5	0	0	0	0	0.76	0	0.08	0	0	0	0	0	0	0.04	0	0	0	0	0	0.12	0
6	0	0	0	0	0	1	0	0	0	0	0	0	0	0	0	0	0	0	0	0	0
7	0	0.05	0	0	0	0	0.76	0	0	0	0	0.05	0.1	0.05	0	0	0	0	0	0	0
8	0	0	0	0	0	0	0	1	0	0	0	0	0	0	0	0	0	0	0	0	0
9	0	0	0	0	0	0	0	0	1	0	0	0	0	0	0	0	0	0	0	0	0
10	0	0	0.05	0	0	0	0	0	0	0.96	0	0	0	0	0	0	0.05	0	0.05	0	0
11	0	0	0	0	0	0	0	0	0	0	1	0	0	0	0	0	0	0	0	0	0
12	0	0	0	0	0	0	0	0	0	0	0	0.86	0	0	0.05	0.05	0	0	0	0.05	0
13	0	0	0	0	0	0	0.23	0	0	0	0	0	0.69	0	0	0	0	0	0.08	0	0
14	0	0	0	0	0	0	0.04	0	0	0	0	0	0.12	0.85	0	0	0	0	0	0	0
15	0	0	0	0	0	0	0	0	0.08	0	0	0	0	0	0.92	0	0	0	0	0	0
16	0	0	0	0	0	0	0	0	0	0	0	0.04	0	0	0	0.96	0	0	0	0	0
17	0	0	0	0	0	0	0	0	0	0	0	0	0	0	0	0	0.95	0	0.05	0	0
18	0	0	0	0	0	0	0	0	0.04	0	0	0	0	0	0.04	0	0	0.88	0	0.04	0
19	0	0	0	0	0.05	0	0.05	0	0	0.05	0	0	0	0	0	0	0	0	0.96	0	0
20	0	0.08	0.04	0	0.21	0	0.04	0	0	0	0	0.08	0	0.04	0	0	0	0	0.04	0.46	0
21	0	0	0	0	0	0	0	0.05	0	0	0	0	0	0.05	0	0	0	0	0.05	0	0.86

图 5.9　JMCNN 在 UCM 数据集上的识别精度混淆矩阵

表5.2显示了JMCNN与其他方法的对比结果。JMCNN和CNN的样本大小均为2 100×0.8张，输入数据为图像本身，均为高效的端对端网络模型。JMCNN的识别精度高于CNN25.03%。SVM+LDA[99]和SAE[100]均将数据增广了20倍，其识别精度结果比JMCNN分别低了8.97%和6.58%。MeanStd-SIFT+LDA-H[25]通过多种人工设计特征提取融合和聚类的方法，识别精度提高到84.98%，仍低于JMCNN约4%。PSR[101]结合BOW特征和金字塔空间关系模型获得了第二高的识别精度89.0%，然而其模型训练复杂度高，模型难以泛化使用。RF[102]采用RF对SIFT特征进行分类，在相同训练集下的识别精度为69.5%。对比结果表明，JMCNN通过端对端训练模式，在不需要任何人工设计特征表达以及数据增广的情况下，识别精度均高于其他方法。

表 5.2　JMCNN 与其他方法的识别率对比

模型	识别精度/%
JMCNN	89.30
SVM+LDA[99]	80.33
SAE[100]	82.72
SPMK[79]	74.00
MeanStd-SIFT+LDA-H[25]	84.98
PSR[101]	89.00
RF+SIFT[102]	69.50

5.4.3　实验 2SIRI 数据集场景分类实验

为了更好地验证 JMCNN 模型的鲁棒性，我们在 SIRI 数据集（总计 2400 张，200×200 的影像数据）上进行实验分析。SIRI 数据集共有 12 类，每类 200 张。

表 5.3 描述了 JMCNN 与 CNN（6conv+2fc）、6conv+2fc+SVM、SVM-LDA[99]、SPMK [79]、MeanStd-SIFI+LDA-H[25]方法的对比结果。JMCNN 在无数据增广的 SIRI 数据集上获得了 88.3%的识别精度，均高于 CNN 和传统机器学习方法。CNN（6conv+2fc）和 6conv+2fc+SVM 均采用 6 个卷积层、2 个全连接层提取高层特征，然后分别用 Softmax 与 SVM[103]分类器进行分类，其结果均低于 JMCNN 的识别精度约 20%。同时，相比于 LDA-M[97]、SPM-SIFT[79]和 MeanStd-SIFI+LDA-H[25]方法的复杂特征设计和提取，JMCNN 模型不需要任何人工特征设计，采用端对端训练来统一优化参数，训练难度大大降低，特征表达能力更强，且识别精度更高。Kappa 系数表示我们所提出的 JMCNN 比 CNN 相关方法具有较好的分类一致性。

表 5.3　不同方法的对比

模型	识别精度/%	Kappa
JMCNN	88.30	0.8595
CNN（6conv+2fc）	68.81	0.6521
6conv+2fc+SVM	67.29	0.6377
SVM-LDA[99]	60.32	—
SPMK[79]	77.69	—
MeanStd-SIFI+LDA-H[25]	86.29	—

图5.10为JMCNN在SIRI数据集上分类的混淆矩阵。结果显示，JMCNN对（1）农田、（2）商业区、（5）工业区、（10）居民区、（12）水面等场景类别的识别精度高于95%，对于极个别（6）草地的识别精度低于70%，其余大部分在85%左右。可见，该模型对于特征复杂的细粒度区域分类结果较好，而对于背景特征单一的区域分类结果需要进一步提升。

	1	2	3	4	5	6	7	8	9	10	11	12
1	0.978	0	0	0.022	0	0	0	0	0	0	0	0
2	0	0.978	0	0	0	0	0	0	0	0	0.022	0
3	0	0	0.789	0	0	0	0	0	0.079	0	0.026	0.105
4	0.025	0	0	0.85	0	0	0.075	0	0	0.025	0.025	0
5	0	0	0.021	0	0.957	0	0	0	0	0.021	0	0
6	0.098	0	0	0.073	0	0.634	0.024	0.146	0.024	0	0	0
7	0	0	0	0.02	0.082	0.02	0.878	0	0	0	0	0
8	0	0.02	0	0.041	0	0.082		0.857	0	0	0	0
9	0	0	0.028	0.056	0	0	0	0	0.861	0	0.056	0
10	0	0.019	0	0	0	0	0	0.019	0	0.962	0	0
11	0	0	0.091	0.023	0.023	0	0.023	0	0.091	0	0.75	0
12	0.04	0	0	0	0	0	0	0	0	0	0	0.96

图 5.10　JMCNN 在 SIRI 上的分类混淆矩阵

5.4.4　实验 3USGS 大幅影像场景标注

实验所用的大幅影像为 USGS 数据库中美国俄亥俄州蒙哥马利地区的影像，尺寸为 10000×9000，空间分辨率为 0.6 m，如图 5.11 所示。在场景标注实验中，样本采样自图 5.11 大幅影像，每类样本包含 50 张图像大小为 150×150 的子影像，人工标注为 4 类，分别为住宅[图 5.12（a）]、耕地[图 5.12（b）]、森林[图 5.12（c）]、停车场[图 5.12（d）]。为了评估模型精度，样本以 80%、20%的比例分别划分为训练集和测试集。

图 5.11　USGS 大幅遥感影像样本示例

通过观察局部细节，JMCNN 在空间分布感知上具有一定优势，能较好地将房屋分布结构识别出来。USGS 的场景分类准确率为 98.5%，图 5.13 为场景分类混淆矩阵。可见，JMCNN 在 USGS 大幅影像上分类同样具有优势。

图 5.12　USGS 大幅遥感影像样本示例

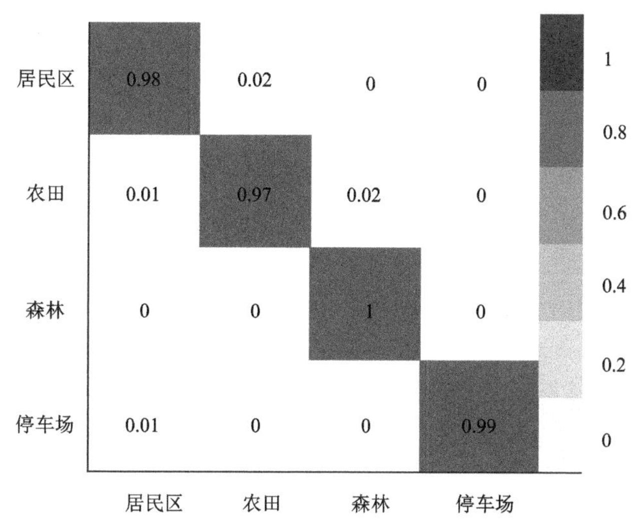

图 5.13　JMCNN 在 USGS 上分类的混淆矩阵

第6章　多特征融合的复杂遥感场景识别

6.1　引　　言

随着遥感传感器技术和制图技术的发展，大量高分辨率遥感影像被应用于国土规划、工程建设及抢险救灾等领域。高分辨率遥感影像包含丰富的场景语义信息，但其组成地物的多样性和空间分布的复杂性造成语义信息难以有效提取。遥感影像场景分类是对高分辨率遥感影像的有效解译，而场景分类的核心是场景特征的提取。如何有效地对高分辨率遥感影像场景进行表达及识别是当前极具挑战的课题。

遥感影像场景分类研究已有一定发展。早期方法主要通过全局统计信息，如全局纹理或颜色直方图对场景进行表达，这类基于低层特征的方法易于计算但精度及使用范围小。后发展至基于中层语义的模型，如经典的BoVW能快速达到较好的分类效果，由此产生很多基于BoVW的模型，如空间金字塔匹配核、空间共线性核、空间金字塔共线性核等。但这类方法采用的低层局部特征会丢失信息导致效果的局限性。近年来，深度学习在包括遥感影像场景分类等诸多领域表现突出。然而CNN的执行往往需要大量的标签数据，而遥感影像尤其是复杂场景中人工标记代价大，因此遥感场景的样本量往往较小。针对遥感场景这类小样本数据，一种简单高效的解决办法是借助在自然场景数据集ImageNet上预训练的CNN提取图像特征进行分类。预训练CNN的全连接层特征在高分辨率遥感影像场景分类中有突出表现，它是对图像场景全局信息高度抽象和高效表达，但对局部信息表达却不足。卷积层特征则相反，它是对上层输入特征图在感受野范围内通过滑动窗口卷积得到的特征图，每个元素是图像局部信息抽象的结果。复杂遥感场景中的地物对象往往不集中在图像的中间区域而是分散分布，局部特征对遥感影像场景表达的意义十分重大。基于预训练模型提取特征的方法大多侧重于全局信息忽略局部信息，导致对场景的表达能力受限。

为克服现有方法对小样本高分辨率遥感影像场景表达能力的不足，提升对高分辨率遥感影像场景的表达能力，本章提出一种同时顾及局部信息和全局信息的高分辨率遥感影像场景分类方法——融合全局和局部特征的视觉词袋模型(global and local features based bag-of-visual-words，GLDFB），它通过 BoVW 将 CNN 提取的包含场景局部细节信息的卷积层特征和包含场景全局信息的全连接层特征重组并融合得到融合特征，该融合特征充分挖掘运用了 CNN 特征，形成对遥感影像场景的多角度的高效表达。在获取对图像的高效表达的深度特征后，通过 SVM 得到最终分类结果。GLDFB 无须大量的标签数据进行复杂的模型训练，只需一次正向计算可获取多个层次的特征。相较传统方法，GLDFB 提取的特征的抽象程度及表达能力极大提升；相较其他深度学习类方法，GLDFB 在保证更高精度的同时，极大降低了样本数据量、计算复杂度和对数据及硬件的要求。多个高分辨率遥感影像场景的实验表明 CLDFB 对提升特征表达能力和分类精度的有效性及优越性。但是 CLDFB 仍然存在不足，对部分构成非常相似的类别如不同密度的住宅区等的区分度仍有提升空间。未来工作将研究多种模型的特征结合，以及融合特征的有效降维，以期获取区分度表达能力更强的特征，得到更高分类精度的同时，进一步降低计算复杂度，实现更高效的高分辨率遥感影像场景分类。

6.2　原理方法

融合特征由卷积层特征和全连接层特征共同组成。如图 6.1 所示，由于两种特征的维度的不同，在获取卷积层特征后，需对其重组并通过 BoVW 编码得到局部特征的分布直方图，再与全连接层特征融合得到融合特征并分类。本书以 DCNN VGG-19[104]作为特征提取器进行研究。VGG-19 的卷积层特征对图像纹理细节等有很强的不变性，被广泛运用于特征提取。

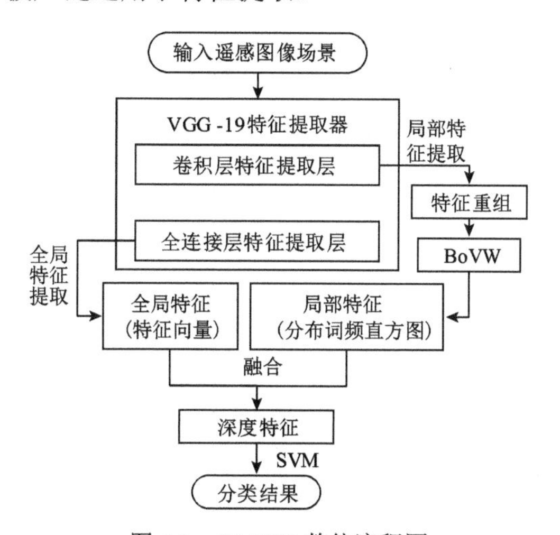

图 6.1　GLDFB 整体流程图

文献[105]证明在遥感场景分类任务中，包括 VGG-19 在内的多种 CNN 均有第一个全连接层特征的表达效果优于第二个全连接层特征，因而选取 VGG-19 的第一个全连接层 FC6 作为全局特征提取器；而卷积层特征在高分辨率遥感影像场景分类中研究较少，本书先对 VGG-19 的多个卷积层的特征对比分析，验证卷积层特征的有效性后，选定综合表现最优的卷积层作为局部特征提取器。此外，GLDFB 是从同一 CNN 中提取卷积层特征和全连接层特征，一次正向运算就可实现两种层次特征的提取，在充分挖掘运用 CNN 多种特征的同时保证了时间和计算耗费的最小化。

6.2.1 CNN 模型

CNN 是一种常见的深度学习架构，受生物自然视觉认知机制启发而来。它的权值共享网络结构降低了网络模型的复杂度，减少了权值的数量，具有结构简单、训练参数少和适应性强等特点。CNN 对几何变换、形变、光照也具有一定程度的不变性。在近几年中 CNN 在视觉识别、语音识别和自然语言处理等方面均有出色表现。典型的 CNN 主要由如下部分构成。

1. 卷积层

卷积神经网络的基本组成部分。每一个卷积层由多个卷积核构成，每一个卷积核对前一层特征图的局部感受野进行卷积操作，前一层的一个或者多个特征图作为输入与一个或者多个卷积核进行卷积操作，产生一个或者多个输出特征图，特征图数目与该卷积层的卷积核数目相等。式（6.1）给出了卷积层的定义：

$$\boldsymbol{x}_j^{\,l} = \sum\nolimits_{i=1}^{N} \boldsymbol{x}_i^{l-1} * \boldsymbol{k}_{ij}^{l} + \boldsymbol{b}_j^{l} \tag{6.1}$$

式中：$\boldsymbol{x}_j^{\,l}$ 为第 l 层第 j 个特征图；$\boldsymbol{x}_i^{l-1}$ 为第 l–1 层第 i 个特征图；$\boldsymbol{k}_{ij}^{\,l}$ $\boldsymbol{k}_{ij}^{\,l}$ 和 $\boldsymbol{b}_j^{\,l}$ $\boldsymbol{b}_j^{\,l}$ 为第 l 层卷积核参数和偏置值；N 为 l–1 层中特征图的数目；*号为卷积运算。

2. 激活函数层

激活函数层也称非线性函数层，是模仿脑神经源接收信号后的激活模型。其将非线性运算引入神经网络中，让神经网络去模拟复杂的非线性函数，有效地提高了神经网络的模型复杂度，提高模型的分类能力。常用的激活函数有：Sigmoid、Tanh、ReLU 等。Sigmoid 和 Tanh 存在梯度饱和的问题，而 ReLU 与生物神经元受刺激后的激活模型最为接近，且函数形式简单、计算量小、收敛速度快，因而被广泛使用。一般激活函数层接在卷积层后，式（6.2）为 ReLU 层的定义：

$$x_j^l(s,t)_{\text{ReLU}} = \max(0, x_j^l(s,t)) \tag{6.2}$$

式中：$x_j^l(s,t)$ 为第 l 层第 j 个特征图的第 s 行第 t 列个元素值；$x_j^l(s,t)_{\text{ReLU}}$ 是该元素相应输出值。

3. 池化层

池化层也称为下采样层，主要作用是对卷积层输出的特征图进行采样，减少卷积层之间的连接，降低特征向量的维数，在保留有用信息的基础上减少数据处理量，降低运算复杂程度，加快训练网络的速度。池化操作是以一定步长依次扫描特征图中 $w \times h$ 大小的子区域行采样，在每个子区域的计算如式（6.3）所示：

$$x_j^l(S,T)_{\text{pooling}} = \left(\sum\sum x_j^l(S,T)^p \times G(S,T)\right)^{1/p} \tag{6.3}$$

式中：$x_j^l(S,T)$ 为第 l 层第 j 个特征图的第 S 行第 T 列个子区域；G 为高斯核；$x_j^l(S,T)_{\text{pooling}}$ 为相应子区域输出。$p=1$ 时子采样层执行的是均值采样，$p=\infty$时则执行最大值采样。

4. 全连接层

全连接层其将前一层的每一个神经元与下一层的每一个神经元连接在一起，但同一层的神经元间没有连接，在卷积神经网络中加入全连接层能够让模型更容易拟合数据，式（6.4）是全连接层一个神经元输出：

$$y = \boldsymbol{W}x + \boldsymbol{b} \tag{6.4}$$

式中：x 为输入；y 为输出；$\boldsymbol{W}$ 为全连接层权重；$\boldsymbol{b}$ 为偏置。

5. 分类器

对于进行分类任务的 CNN，最终输出层为分类器。最常用的 Softmax 分类器其原理来源于 Softmax 回归模型，该模型是 Logistic 回归模型在多分类问题上的推广。Softmax 函数如式（6.5）：

$$\sigma(y)_j = \frac{\mathrm{e}^{zj}}{\sum_K^K \mathrm{e}^z k} \tag{6.5}$$

式中：y 为其输入；$\sigma(y)_j$ 为输出；k 为分类的类别总数。

通过以上基本层的组合，就可以构成一个 CNN。下面将介绍著名的 VGG-19 CNN 结构，以及采用其作为深度特征提取器的方法。

6.2.2 VGG-19 特征提取器

VGG-19 是一种典型的 CNN。如图 6.2 所示，它包含 16 个卷积层、5 个最大池化层，3 个全连接层、1 个 Softmax 分类层。VGG-19 采用 ReLU 作为激活函数，ReLU 层保证输出元素值均非负，经过 ReLU 激活的特征有更好的表达效果[19]，因此本书使用的特征都经过 ReLU 函数激活。

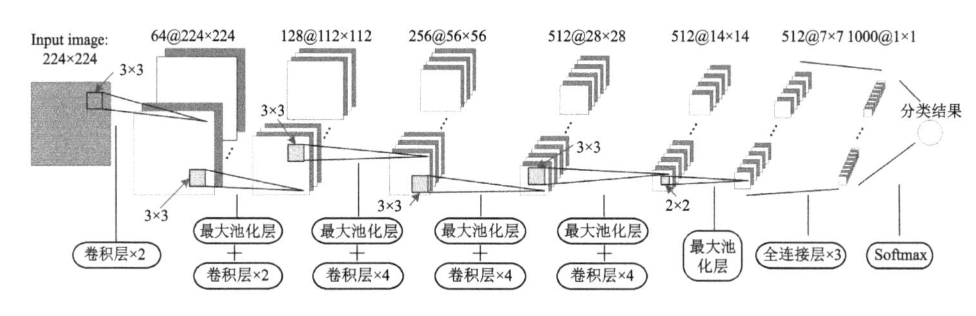

图 6.2 VGG-19 的网络结构

6.2.3 局部特征的表达

表 6.1 为 VGG-19 卷积层的输出特征维度，其中第 l 个卷积层 conv_l 的输出特征图组大小为 $d^l \times n^l \times n^l$，$n^l \times n^l$ 为单个特征图的大小，d^l 为特征图数目。这种高维度特征在存储和计算中有巨大耗费。本书通过 BoVW 对卷积层特征进行编码，得到图像的视觉词频分布直方图，从而降低特征维度达到对图像局部特征表达的目的。实现过程主要有如下三步：①视觉词汇的提取；②视觉词汇词典生成；③图像局部特征表达。

表 6.1 VGG-19 各卷积层输出

序号	层名	特征图
1	conv1_1	64×224×224
2	conv1_2	64×224×224
3	conv2_1	128×112×112
4	conv2_2	128×112×112

续表

序号	层名	特征图
5	conv3_1	256×56×56
6	conv3_2	256×56×56
7	conv3_3	256×56×56
8	conv3_4	256×56×56
9	conv4_1	512×28×28
10	conv4_2	512×28×28
11	conv4_3	512×28×28
12	conv4_4	512×28×28
13	conv5_1	512×14×14
14	conv5_2	512×14×14
15	conv5_3	512×14×14
16	conv5_4	512×14×14

1. 视觉词汇的提取

由于特征图的每一个元素都是对前一层的一个局部感受野的卷积结果，因此不同特征图同一位置的元素可视为对输入图像同一局部区域的不同抽象，将不同特征图的同一位置的元素抽取排列即得到图像局部区域的特征表达，如图 6.3 所示。

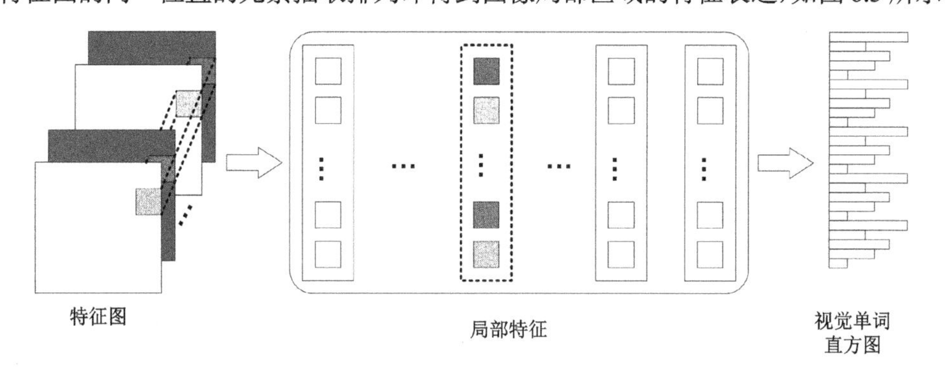

图 6.3　卷积层特征的重组和编码

记卷积层 conv_l 的第 k（$1 \leqslant k \leqslant d^l$）个特征图为 f_k^l，该特征图第 i 行第 j 列元素为 $f_k^l(i,j)$（$1 \leqslant i \leqslant n^l$，$1 \leqslant j \leqslant n^l$），则卷积层 conv_l 所有特征图在 (i,j) 位置的元素可重组为如下特征向量：

$$\boldsymbol{f}^l(i,j) = \left(f_{\text{ReLU}}\left(f_1^l(i,j), f_2^l(i,j), \cdots, f_{d^l}^l(i,j)\right)\right)^{\mathrm{T}} \tag{6.6}$$

式中：f_{ReLU}为ReLU激活函数；T为转置运算；$\boldsymbol{f}^l(i,j)$为d^l维列向量。输入图像在conv_l层的重组局部特征可表示为

$$\boldsymbol{F}^l=\left\{\boldsymbol{f}^l(1,1),\boldsymbol{f}^l(1,2),\cdots,\boldsymbol{f}^l\left(n^l,n^l\right)\right\} \tag{6.7}$$

记$N^l=n^l\times n^l$，则$\boldsymbol{F}^l\in\boldsymbol{R}^{d^l\times N^l}$包含$N^l$个$d^l$维列向量，将每个列向量作为一个视觉词汇，则$\boldsymbol{F}^l$为$N^l$个视觉词汇的集合。包含$m$个遥感影像场景的场景集$\boldsymbol{S}=\{s_1,s_2,\cdots,s_m\}$，可通过$\mathrm{conv}_l$层提取$N^l\times m$个视觉词汇，记为视觉词汇集$\boldsymbol{F}_S^l=\left\{\boldsymbol{F}_{s_1}^l,\boldsymbol{F}_{s_2}^l,\cdots,\boldsymbol{F}_{s_m}^l\right\}$，其中$\boldsymbol{F}_{s_i}^l$为场景$s_i$在$\mathrm{conv}_l$上获取的视觉词汇集合。

2. 视觉词典生成

通过视觉词典可完成图像的视觉词汇集从高维到低维的转换。视觉词典由聚类算法对所有视觉词汇的集合进行聚类产生的聚类中心构成，BoVW模型中常用*K*-means作为聚类方法，其简单快速、适用性强。*K*-means对卷积层提取的视觉词汇进行聚类产生K个聚类中心，将其视为K个视觉单词，从而构成视觉词典$\boldsymbol{D}=\{C_1,C_2,\cdots,C_K\}$，其中$C_i\in\boldsymbol{R}^{d^l}$（$1\leqslant i\leqslant K$）为第$i$个视觉单词。视觉词汇间的相似度通过欧氏距离度量，如式（6.8）为$\boldsymbol{f}^l(i,j)$与$\boldsymbol{f}^l(s,t)$间的距离，距离越小相似度越大，越有可能聚到一类：

$$\boldsymbol{D}\left(\boldsymbol{f}^l(i,j),\boldsymbol{f}^l(s,t)\right)=\sqrt{\sum_{k=1}^{N^l}\left(\boldsymbol{f}^l(s,t)-\boldsymbol{f}^l(i,j)\right)^2} \tag{6.8}$$

3. 图像局部特征的表达

根据视觉词典对图像的视觉词汇编码，即可将图像通过视觉单词进行表示。编码过程如下：对任一视觉词汇，计算它与视觉词典中所有视觉单词的距离，找到与其距离最小的视觉单词替代当前视觉词汇；替换后，则可将图像的视觉词汇替换为视觉单词，统计每个视觉单词出现的频率即可得到表示该图像的视觉单词直方图，并表达为K维特征向量如式（6.9）所示：

$$\boldsymbol{H}=(h_1,h_2,\cdots,h_K)=\left(\frac{n_{\mathrm{C}_1}}{N^l},\frac{n_{\mathrm{C}_2}}{N^l},\cdots,\frac{n_{\mathrm{C}_K}}{N^l}\right) \tag{6.9}$$

式中：h_i为第i个视觉单词C_i出现的频率；n_{C_i}（$1\leqslant i\leqslant N^l$）为视觉单词$C_i$出现的字数；$N^l$为单张图像的视觉词汇总数。

其中K越大产生的视觉单词越多，对图像的表达越细腻，但过大的K会导致对场景的过度解析，造成过拟合，导致测试精度降低，也使计算耗费和时间耗费

大幅增加。对不同复杂程度的数据集，能高效表达的 K 才是合适的。

最后通过 tf-idf 算法对词频向量重新分配权重，使在各类中重要程度大的视觉单词在相应场景中具有更大的权重，而相应的，重要程度低的视觉单词的权重则减小。视觉单词 C_i 的重要度可表示为

$$W_{C_i} = \log \frac{m}{\left| s_j : H_{S_j}(i) \right| \neq 0} \tag{6.10}$$

式中：m 为场景的总数目；分母为包含该视觉单词 C_i 的场景数目；$H_{S_j}(i)$ 为场景 s_j 视觉直方图的第 i 个元素，即为 C_i 在 H_{S_j} 中出现的词频；不为 0 则表示当前场景包含视觉单词 C_i。最终场景的局部特征可表示为

$$\boldsymbol{L} = (l_1, l_2, \cdots, l_K) = \left(w_{C_1} \times \frac{n_{C_1}}{N^l}, w_{C_2} \times \frac{n_{C_2}}{N^l}, \cdots, w_{C_K} \times \frac{n_{C_K}}{N^l} \right) \tag{6.11}$$

6.2.4　全局特征的提取

图像全局特征通过全连接层进行提取。全连接层的输出为一个 N 维特征向量，可视为由 N 个 1×1 的特征图组成，表达如式（6.12）所示：

$$\boldsymbol{Y} = f_{\text{ReLU}}(\boldsymbol{WX} + \boldsymbol{b}) \tag{6.12}$$

式中：$\boldsymbol{Y} \in \boldsymbol{R}^{N \times n^{\text{fc}} \times n^{\text{fc}}}$ 为输出特征向量；n^{fc} 为 1；$\boldsymbol{X} \in \boldsymbol{R}^{\left(d^l \times n^l \times n^l\right) \times N}$ 为输入特征图；$\boldsymbol{X} \in \boldsymbol{R}^{\left(d^l \times n^l \times n^l\right) \times N}$ 为权重，$\boldsymbol{b} \in \boldsymbol{R}^{d^{\text{fc}}}$ 为偏置项。

6.2.5　融合特征的提取及分类

已提取的局部特征 $\boldsymbol{H}$ 和全局特征 $\boldsymbol{Y}$ 分别为 K 维和 N 维特征向量。在进行特征融合前，需对特征规范化。由于 $\boldsymbol{H}$ 为视觉单直方图，每个元素表示相应单词的出现词频，因此对任意元素 h_i（$1 \leqslant i \leqslant K$）有 $h_i \in [0,1]$ 且 $\text{sum}(h_1, h_2, \cdots, h_K) = 1$，其中 sum 为求和函数，而 $\boldsymbol{Y}$ 是经过 ReLU 激活函数处理后的输出，其任意元素 y_j（$1 \leqslant j \leqslant N$）有 $y_j \in [0, +\infty]$，对 $\boldsymbol{Y}$ 进行如下规范化：

$$\boldsymbol{Z} = (z_1, z_2, \cdots, z_N) = \frac{\boldsymbol{Y}}{\sum y_i} = \frac{1}{\sum y_i}(y_1, y_2, \cdots, y_N) \tag{6.13}$$

式中：$\boldsymbol{Z}$ 为输出特征，对 $\boldsymbol{Z}$ 中任意元素 z_j（$1 \leqslant j \leqslant N$）都有 $z_j \in [0,1]$，且 $\mathrm{sum}(z_1, z_2, \cdots, z_K) = 1$。将 $\boldsymbol{Z}$ 作为全局特征表达直方图，与局部特征表达直方图 $\boldsymbol{L}$ 在直方图层层面连接得到最终图像的直方图表达，记为融合特征 p：

$$p = (\boldsymbol{L}, \boldsymbol{Z}) = (l_1, l_2, \cdots, l_K, z_1, z_2, \cdots, z_N) \tag{6.14}$$

获取所有 M 张图像的融合特征集 $\boldsymbol{P} = \{p_1, p_2, \cdots, p_M\}$ 后，通过直方图交叉核 HIK 的 SVM 对图像的特征表达直方图进行分类，如式（6.15）所示，其中 $p_{i,k}$ 为 p_i 的第 k 个元素：

$$K_{\Delta}(p_i, p_j) = \sum k \min(p_{i,k}, p_{j,k}) \tag{6.15}$$

6.3　实验和分析

6.3.1　实验参数设置

本章实验均采用 5 折交叉验证方案，并在载有 1 块 NVIDA GeForce GTX 1060 的显卡、Inter®core™ i7-6700K CPU@ 4.00GHz、RAM：16.0GB 的工作站上进行。

6.3.2　卷积层特征表达能力分析

首先对 VGG-19 的不同卷积层特征的表达效果进行对比分析，并对比其他多种类型特征（如 HOG、SIFT）验证卷积层特征的有效性；其次通过与多种前沿方法的对比，验证 GLDFB 方法的有效性及优越性。

VGG-19 共有 16 层卷积层，但底层的 4 层卷积层 conv1_1～1_2、conv2_1～2_2 过大的特征图导致极大的存储、计算及时间耗费，研究的意义受限，因此本书着重分析另 12 层卷积层特征在遥感场景分类任务中的表达能力。根据特征图的抽象程度及大小，可将其分为中层（conv3_1～3_4）、中高层（conv4_1～4_4）和高层（conv5_1～5_4） 三种类型的卷积层。

表 6.2 对比了三种类型的卷积层特征在不同 K 下的平均分类精度与几种传统人工特征的分类精度。当 K 较小时，中层卷积层特征表现为最优；K 继续增加时中高层卷积层特征平均分类精度大幅增加，为第一；当 UCM 和 SIRI 数据集上的 K 分别增长到 3000 和 2000 时，中层卷积层特征的平均分类精度下降，中高层卷

积层特征的平均分类精度仍在增加，最终在两个数据集上分别达到 96.49%和 95.16%；而高层卷积层特征的平均分类精度一直为较低的，但其仍远 HOG、SIFT、LBP 等特征的平均分类精度。可见卷积层特征在高分辨率遥感影像场景分类中的有效性，且对场景的表达能力较好。

表 6.2　三种类型的卷积层特征在不同 *K* 下的平均分类精度

数据集	UCM 平均分类精度/%					SIRI 平均分类精度/%				
K	100	500	1000	2000	3000	100	500	1000	1500	2000
中层	90.14	94.24	94.60	95.89	95.42	91.22	93.49	93.91	94.58	94.32
中高层	89.76	95.18	95.42	95.95	96.49	89.48	93.96	94.51	94.91	95.16
高层	88.87	94.46	94.94	95.42	94.88	87.80	92.12	92.88	93.65	93.44
HOG	52.14					44.79				
SIFT	58.33					53.96				
LBP	31.43					46.25				

图 6.4 对比了各卷积层特征在聚类过程中单次迭代的时间耗费。由于中层、中高层、高层卷积层的特征图大小递减，而计算耗费与特征图大小正相关，因此三种卷积层特征在单次迭代时间上呈递减趋势，且 K 越小，卷积层类型层次越高，时间耗费越小，卷积层层次不同引起的时间耗费差异较大。权衡三种类型的卷积层特征的平均分类精度分布及时间耗费，在 UCM 和 SIRI 数据集中，中高层卷积层特征分别在 K=3000 和 K=2000 时的精度最高且时间耗费较小，综合表现最优。通过图 6.5 展示的各卷积层特征在 UCM 和 SIRI 数据集中不同 K 下的具体平均分类精度也可观察到类似的分布趋势。同时可观察到在 UCM 和 SIRI 数据上当 K 为 3000 和 2000 时，中高层卷积层特征中 conv4_1 层的特征表现最优，因此本书选择 conv4_1 层作为局部特征提取器。在 UCM 和 SIRI 数据集上分别设置 K 为 K_{UCM}=3000 和 K_{SIRI}=2000。

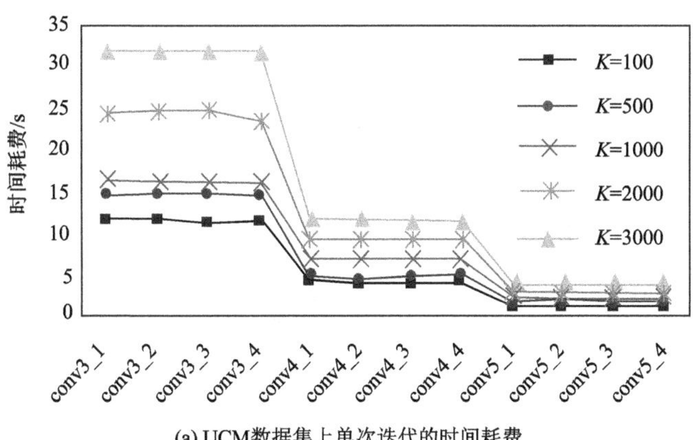

(a) UCM数据集上单次迭代的时间耗费

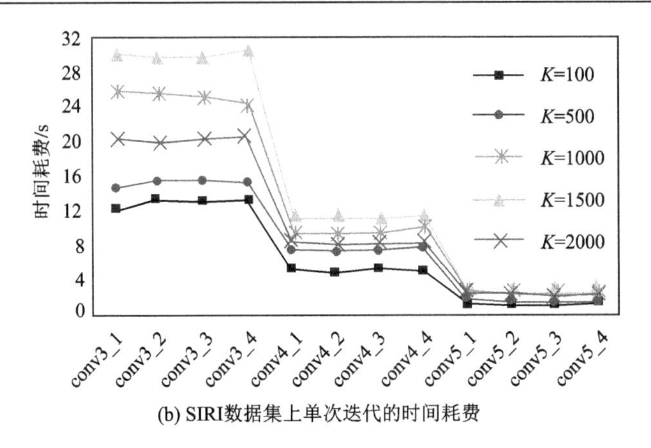

(b) SIRI数据集上单次迭代的时间耗费

图 6.4　12 层卷积层在不同 K 下聚类过程中单次迭代时间耗费

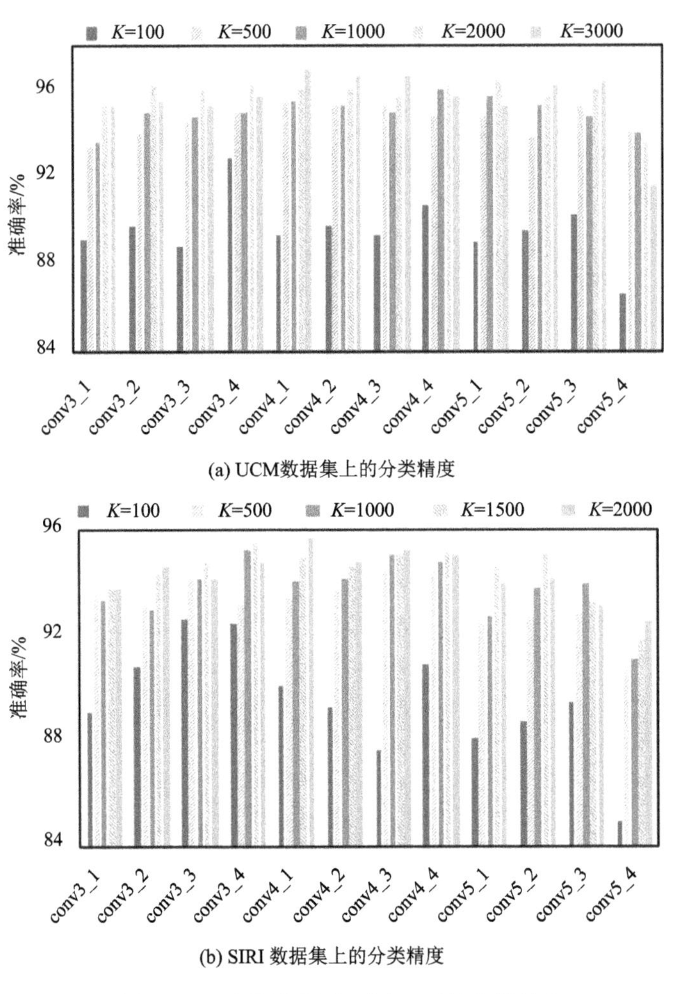

(a) UCM数据集上的分类精度

(b) SIRI 数据集上的分类精度

图 6.5　12 层卷积层在不同 K 下的分类精度

6.3.3 GLDFB 实验结果及分析

结合 conv4_1 局部提取器和 FC6 全局特征提取器，GLDFB 在 UCM 和 SIRI 数据集上的表现如下。

1. UCM 数据集

表 6.3 对比了几种前沿方法与 GLDFB 在 UCM 数据集上的分类精度。其中传统的结合 BoVW 的模型方法表现一般，如基于 SIFT 特征的 BoVW 方法精度仅达 76.81%；大多深度学习类方法的精度可达到 90%以上（表 6.3 中 6～10 名），但使用 VGG-19 和 Resnet50 模型框架训练的方法仅可达 83.48%和 85.71%的分类精度，这是由于这两种模型网络结构较深而当前数据集样本数量较少。直接提取预训练的 VGG-19 模型的卷积层或全连接层特征则可将精度提升至 96.90%和 94.60%。而 GLDFB 同时考虑局部和全局信息，融合了卷积层特征和全连接层特征，进一步将分类精度提高到了 97.62%。

表 6.3　UCM 数据集上的分类精度比较

序号	方法	分类精度/%
1	RF[102]	44.77
2	SIFT+BoVW[97]	76.81
3	SPCK [96]	77.38
4	VGG-19 训练	83.48
5	Resnet50 训练	85.71
6	OverFeat[105]	90.91±1.19
7	CaffeNet[105]	93.42±1.00
8	conv4_1	96.90
9	FC6	94.60
10	GLDFB	97.62

从图 6.6 的混淆矩阵可观察到有 19 类场景的分类精度达 95%及以上，其中 13 类场景分类精度达 100%，包括目标简单特征明显的（2）机场、（4）沙滩、（16）停车场等场景，以及目标复杂或与其他场景极为相似的（19）活动房区、（9）公路等场景。相似度较高的场景可分为如图 6.7 所示的两类，道路类中场景主要差别在于道路的数目、走向和高度，房屋类中场景主要差别在于房屋密度和屋顶材料。由于它们较高的相似度，GLDFB 将图 6.7 中（15）高架桥场景分为（9）

公路，将（5）建筑和（13）中等住宅区场景分为（7）密集住宅区，可见 GLDFB 对这类场景的区分能力仍有一定提升空间。尽管如此，（5）建筑场景的分类精度也达到 90%，两类场景中其他场景的分类精度也达到 95%～100%，总体精度超过 95%。因此，GLDFB 不论对背景特征单一的简单场景还是特征复杂、差别微小的复杂场景都有较好的区分能力，可获得较高的分类精度。

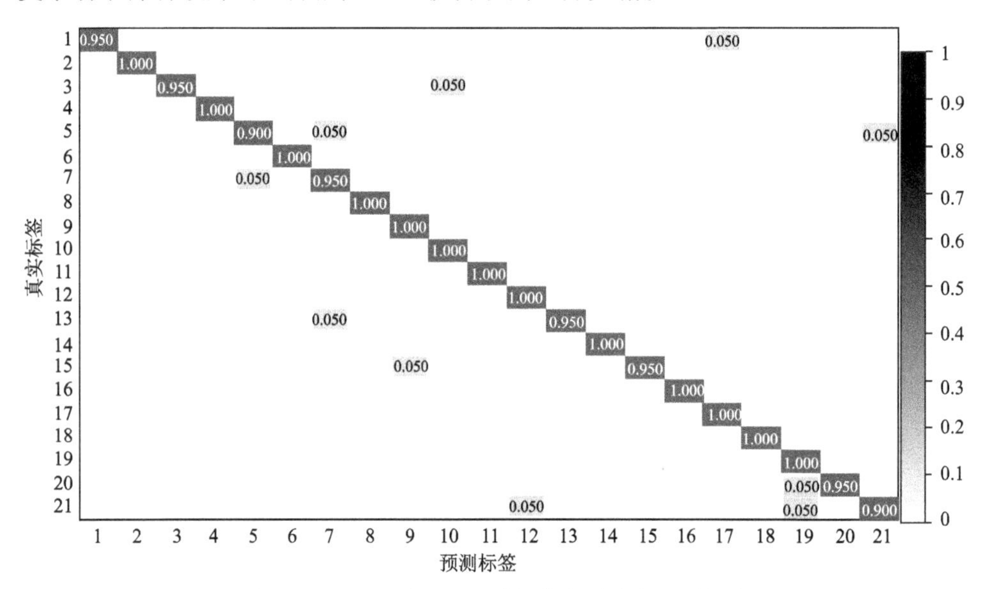

图 6.6　GLDFB 在 UCM 数据集上的分类混淆矩阵

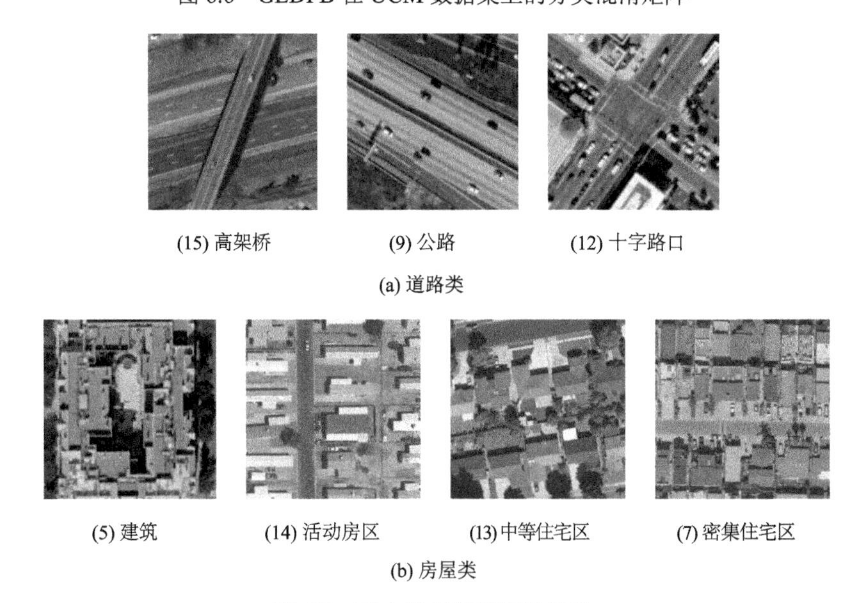

(15) 高架桥　(9) 公路　(12) 十字路口

(a) 道路类

(5) 建筑　(14) 活动房区　(13) 中等住宅区　(7) 密集住宅区

(b) 房屋类

图 6.7　两大类相似易混淆场景

2. SIRI 数据集

表 6.4 对比了 GLDFB 与其他几种方法在 SIRI 数据集上的分类结果。通过 RF 分类仅可获取 49.90%的分类精度；将传统中低层特征与 BoVW 结合后分类精度有所提高（第 3～5 行），但这类方法的分类精度难以超过 90%。本书提出的 GLDFB 可自动学习高层特征，并将 SIRI 数据集的分类结果提升至 96.67%。对比单独使用局部特征或全局特征的分类结果 95.63%和 93.54%，GLDFB 有效地融合了局部特征和全局特征，提高了分类精度。同等数据量下，直接通过 VGG-19 和 Resnet50 框架进行训练，仅可获取 86.13%和 89.26%的分类精度。

表 6.4　SIRI 数据集上的分类精度比较

序号	方法	分类精度/%
1	RF[102]	49.90
2	SIFT+BoVW[97]	75.63
3	SPMK[79]	77.69±1.01
4	VGG-19 训练	86.13
5	MeanStd-SIFI+LDA-H [25]	86.29
6	Resnet50 训练	89.26
7	FC6	93.54
8	conv4_1	95.63
9	GLDFB	96.67

从图 6.8 的混淆矩阵可观察到，GLDFB 对所有场景的分类精度均高于 90%，其中（1）农田、（2）商业区等分类精度可达 100%，特别的是，在存在二义性的（2）商业区和（10）住宅区场景上的分类精度也达到 100%。但在（4）裸地、（11）河流等场景的分类效果较差，其中（11）河流场景中部分带有桥的场景被分为（7）高架桥，另一些则被分成同样带有水的（3）港口，因此其精度仅达 92.50%，可见 GLDFB 对复杂背景的表达仍需进一步提升。除此之外，大部分场景分类精度在 95%及以上，总体上 GLDFB 能较好地表达不同复杂程度的场景。

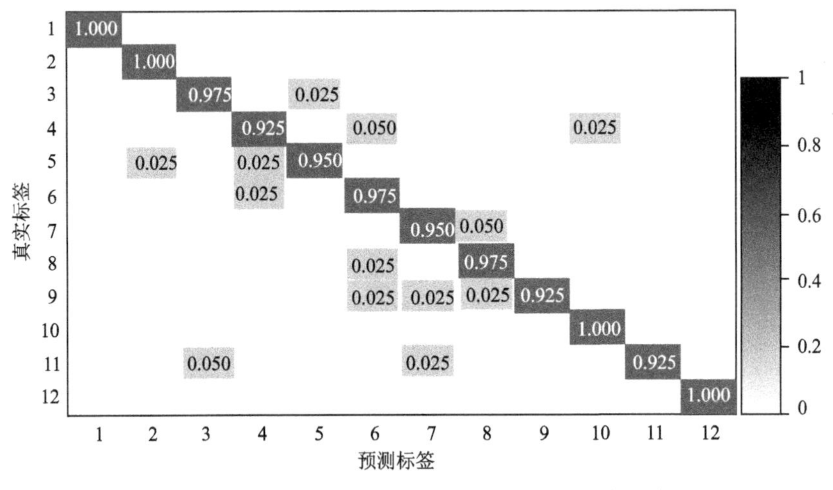

图 6.8　GLDFB 在 SIRI 数据集上的分类混淆矩阵

上述实验证明了 GLDFB 的有效性和优越性，GLDFB 同样适用于其他数据。不同复杂程度的数据集有不同的最优 K，但通过在 UCM 和 SIRI 数据集上的实验可发现，GLDFB 在未取最优 K 时卷积层特征的表现虽有降低，但仍远高于其他传统方法。本书直接设定 K=2000，测试 GLDFB 在其他数据集的分类效果。以 USGS 数据库中美国俄亥俄州蒙哥马利地区的影像[图 6.9(a)]进行实验，该影像尺寸为 10000×9000，空间分辨率为 0.6 m，包含居民地、农场、树林、停车场四类场景。从该影像中为每类场景采集 50 幅 150×150 的场景图像作为训练样本。最终 GLDFB 对整幅影像的预测结果如图 6.9（b）所示，可观察到预测类别基本与实际类别一致，能正确地反映出该地区各类区域的分布情况，可见 GLDFB 能较好地解析该高分辨率影像。

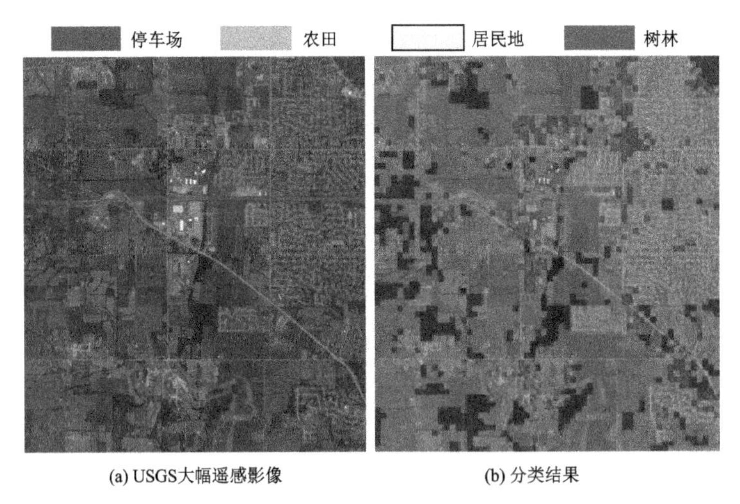

(a) USGS大幅遥感影像　　(b) 分类结果

图 6.9　USGS 大幅遥感影像及分类结果

6.3.4 迁移实验

GLDFB 可扩展到其他预训练 CNN 上。以 UCM 数据集为例，在多种预训练 CNN 下进行简单实验，其中局部特征提取器直接选用当前 CNN 的任一中间层卷积层，全局特征提取器选用当前 CNN 的第一个全连接层，K 值设为 2000。从表 6.5 列出的 GLDFB 应用其他预训练 CNN 的分类结果可观察到，所有融合特征的分类结果相较单独使用局部特征或全局特征的结果都有一定的提升，可证明 GLDFB 在各种预训练 CNN 下都是适用的且表现较好。尤其是相较 VGG-19 网络更深结构更优化的 Resnet50 和 Resnet101 模型应用在 GLDFB 上的表现也略优于 VGG-19，更优于直接通过 Resnet50 训练的模型分类结果（表 6.5）。

表 6.5　GLDFB 应用其他预训练 CNN 的结果

预训练模型	局部特征提取层	分类精度/%		
		局部特征	全局特征	融合特征
Alexnet	conv3	93.81	95.24	96.91
Caffenet	conv3	94.05	96.90	97.62
VGG-16	conv4_1	95.00	96.19	95.95
Resnet50	Res3a	95.71	96.90	97.86
Resnet101	Res3a	95.23	96.90	97.86

参 考 文 献

[1] HU P, RAMANAN D. Finding tiny faces[C]//2017 IEEE Conference on Computer Vision and Pattern Recognition (CVPR). IEEE, 2017:1522-1530.

[2] HUANG J, SHAO X, WECHSLER H. Face pose discrimination using support vector machines (SVM) [C]//Fourteenth International Conference on Pattern Recognition, 1998, 1:154-156.

[3] ZHANG Z, HU Y, LIU M, et al. Head pose estimation in seminar room using multi view face detectors[C]///CLEAR'06 Proceedings of the 1st international evaluation conference on Classification of events, activities and relationships, 2006:299-304.

[4] LIU Y, CHEN J, SU Z, et al. Robust head pose estimation using Dirichlet-tree distribution enhanced random forests[J]. Neurocomputing, 2016, 173 (P1):42-53.

[5] ZHAO L, PINGALI G, CARLBOM I. Real-time head orientation estimation using neural networks[C]//2002 International Conference on Image Processing. IEEE, 2002.

[6] WANG M, DENG W. Deep face recognition: a survey [J]. arXiv preprint arXiv: 1804.06655, 2018.

[7] HUANG J, WECHSLER H. Eye detection using optimal wavelet packets and radial basis functions (rbfs) [J]. International journal of pattern recognition and artificial intelligence, 1999, 13 (7):1009-1025.

[8] RIEGLER G, FERSTL D, RÜTHER M, et al. Hough networks for head pose estimation and facial feature localization[J]. Journal of Computer Vision, 2013, 101 (3):437-458.

[9] YANG H, PATRAS I. Face parts localization using structured-output regression forests[C]// Asian Conference on Computer Vision. Berlin, Heidelberg: Springer, 2012:667-679.

[10] FANELLI G, DANTONE M, GALL J, et al. Random forests for real time 3D face analysis[J]. International journal of computer vision, 2013, 101 (3):437-458.

[11] ZHANG M, LI K, LIU Y. Head pose estimation from low-resolution image with Hough forest[C]//Pattern Recognition (CCPR), 2010 Chinese Conference on. IEEE, 2010:1-5.

[12] CAO N T, TON-THAT A H, CHOI H I. Facial expression recognition based on local binary pattern features and support vector machine [J]. International journal of pattern recognition and artificial intelligence, 2014, 28 (6):1-24.

[13] LAZEBNIK S, SCHMID C, PONCE J. Beyond bags of features: spatial pyramid matching for recognizing natural scene categories[J]. IEEE CVPR, 2006: 2169-2178.

[14] YANG Y, NEWSAM S. Spatial pyramid co-occurrence for image classification[C]//Computer Vision (ICCV), 2011 IEEE International Conference on, 2011:1465-1472.

[15] ZHAO B, ZHONG Y, ZHANG L. Scene classification via latent Dirichlet allocation using a hybrid generative/discriminative strategy for high spatial resolution remote sensing imagery[J]. Remote sensing letters, 2013, 4 (12):1204-1213.

[16] SERRANO N, SAVAKIS A E, LUO J. Improved scene classification using efficient low-level

features and semantic cues[J]. Pattern recognition, 2004, 37(9):1773-1784.
[17] YIN H, CAO Y F, SUN H. Urban scene classification based multi-dimensional pyramid representation and Ada Boost using high resolution SAR images[J]. Acta automatica sinica, 2010, 36(8):1099-1106.
[18] 何小飞, 邹峥嵘, 陶超, 等. 联合显著性和多层卷积神经网络的高分影像场景分类[J]. 测绘学报, 2016, 45(9):1073-1080.
[19] LI Y, DIXIT M, VASCONCELOS N, et al. Deep scene image classification with the MFAFVNet[C]//Proceedings of the IEEE Conference on Computer Vision and Pattern Recognition, 2017:5746-5754.
[20] ZHU X X, RAMANAN D. Face detection, pose estimation, and landmark localization in the wild[C]//Proceedings of the IEEE Computer Society Conference on Computer Vision and Pattern Recognition. Los Alamitos: IEEE Computer Society Press, 2012:2879-2886.
[21] HUANG G B, MATTAR M, BERY T, et al. Labeled faces in the wild:a database for studying face recognition in unconstrained environments[R]. Technical Report 07-49. Amherst: University of Massachusetts, 2007.
[22] GOURIER N, HALL D, CROWLERY J L. Estimating face orientation from robust detection of salient facial structures[OL]. [2016-11-01]. http://venus.inrialpes.fr/jlc/papers/Pointing04-Gourier.pdf.
[23] LUCEY P, COHN J F, KANADE T, et al. The extended Cohn-Kanade dataset(CK+): a complete dataset for action unit and emotion-specified expression[C]//Proceedings of the IEEE Conference on Computer Vision and Pattern Recognition Workshops, 2010:94-101.
[24] YIN L, WEI X, SUN Y, et al. A 3D facial expression database for facial behavior research[C]// Proceedings of the IEEE International Conference on Automatic Face and Gesture Recognition, 2006:211-216.
[25]ZHAO B, ZHONG Y, XIA G S, et al. Dirichlet-derived multiple topic scene classification model fusing heterogeneous features for high spatial resolution remote sensing imagery IJJ. IEEE Transactions on Geescience and Remote Sensing, 2016, 54:2108-2123.
[26] LIAO S C, JAIN A K, LI S Z, et al. A fast and accurate unconstrained face detector[J]. IEEE transactions on pattern analysis and machine intelligence, 2016, 38(2):211-223.
[27] COOTE T F, IONTA M C, LINDANE C, et al. Robust and accurate shape model fitting using random forest regression voting[C]//Lecture Notes in Computer Science. Heidelberg:Springer, 2013:278-291.
[28] TRIGEORGIS G, SNAPE P, MIHALIS A, et al. Mnemonic descent method:a recurrent process applied for end-to-end face alignment[C]//Proceedings of the IEEE Conference on Computer Vision and Pattern Recognition. Los Alamitos:IEEE Computer Society Press, 2016:4177-4187.
[29] ZHOU F, BRAND J, LIN Z. Exemplar-based graph matching for robust facial landmark localization[C]//Proceedings of the IEEE International Conference on Computer Vision. Los Alamitos:IEEE Computer Society Press, 2013:1025-1032.
[30] 徐明亮, 孙亚西, 吕培, 等. 呈现人脸显著性特征的二维码视觉优化[J]. 计算机辅助设计与图形学学报, 2016, 28(8):1215-1223.

[31] WANG X K, TAN G H, GAO C M, et al. An improved conditional regression forests for facial feature points detection[J]. Information technology journal, 2014, 13(13):2159-2164.

[32] YANG H, PATAS I. Face parts localization using structured-output regression forests[C]//Lecture Notes in Computer Science. Heidelberg:Springer, 2013:667-679.

[33] ZHANG J, KAN M, SHAN S G, et al. Occlusion-free face alignment:deep regression networks coupled with de-corrupt autoEncoders [C]//Proceedings of the IEEE Computer Society Conference on Computer Vision and Pattern Recognition. Los Alamitos:IEEE Computer Society Press, 2016:3428-3437.

[34] WU Y, JI Q. Constrained joint cascade regression framework for simultaneous facial action unit recognition and facial landmark detection[C]//Proceedings of the IEEE Computer Society IEEE Conference on Computer Vision and Pattern Recognition. Los Alamitos:IEEE Computer Society Press, 2016:3400-3408.

[35] 郭修宵, 陈莹. 非约束环境下人脸特征点的稳定跟踪[J]. 计算机辅助设计与图形学学报, 2014, 26(7):1135-1142.

[36] YANG H, PATRAS I. Privileged information-based conditional structured output regression forest for facial point detection[J]. IEEE transactions on circuits and systems for video technology, 2015, 25(9):1507-1520.

[37] REN S Q, CAO X D, WEI Y C, et al. Face alignment at 3000 FPS via regressing local binary features[C]//Proceedings of the IEEE Computer Society Conference on Computer Vision and Pattern Recognition. Los Alamitos:IEEE Computer Society Press, 2014:1685-1692.

[38] DING L, MARTINEZ A M. Precise detailed detection of faces and facial features[C]// Computer Vision and Pattern Recognition, 2008. CVPR 2008. IEEE Conference on. IEEE, 2008:1-7.

[39] DANTONE M, GALL J, FANELLI G, et al. Real-time facial feature detection using conditional regression forests[C]//Proceedings of the IEEE Computer Society Conference on Computer Vision and Pattern Recognition. Los Alamitos:IEEE Computer Society Press, 2012:2578-2585.

[40] LIU Y, XIE Z,YUAN X, et al. Multi-level structured hybrid forest for joint head detection and pose estimation [J]. Neurocomputing, 2017, 266(11), 206-215 .

[41] 刘袁缘, 陈靓影, 俞侃, 等. 基于树结构分层随机森林在非约束环境下的头部姿态估计[J]. 电子与信息学报, 2015, 37(3):543-551.

[42] JONES M, VIOLA P. Fast multi-view face detection[OL]. (2003-06-18)[2018-09-18]. https://www.researchgate.net/profile/Michael_Jones20/publication/228362107_Fast_multi-view_face_detection/links/0fcfd50d35f8570d70000000.pdf.

[43] RASMUSSEN C E. The infinite gaussian mixture model[C]// Advances in neural information processing systems, 2000:554-560.

[44] BAN K D, KIM J, YOON H, et al. Gender classification of low-resolution facial image based on pixel classifier boosting[J]. ETRI journal, 2016, 38(2):347-355.

[45] GHASSABEH Y A. A sufficient condition for the convergence of the mean shift algorithm with Gaussian kernel[J]. Journal of multivariate analysis, 2015, 135:1-10.

[46] ZHANG J, SHAN S G, KAN M, et al. Coarse-to-fine auto-encoder networks(CFAN) for

real-time face alignment[M]//Lecture notes in computer science. Heidelberg:Springer, 2014, 8690:1-16

[47] MIBORROW S, NICOLLS F. Locating facial features with an extended active shape model[M]//Lecture notes in computer science. Heidelberg:Springer, 2008, 5305:504-513.

[48] MURPHY-CHUTORIAN E, TRIVEDI M M. Head pose estimation in computer vision:A survey[J]. IEEE transactions on pattern analysis and machine intelligence, 2009, 31(4):607-626.

[49] CAI Q, SANKARANARAYANAN A, ZHANG Q, et al. Real time head pose tracking from multiple cameras with a generic model[C]//IEEE Computer Society Conference on Computer Vision and Pattern Recognition Workshops(CVPRW), 2010:25-32.

[50] COHEN A, SCHWING A G, POLLEFEYS M. Efficient structured parsing of facades using dynamic programming[C]//Proceedings of the IEEE Conference on Computer Vision and Pattern Recognition, 2014:3206-3213.

[51] BOSCH A, ZISSERMAN A, MUOZ X, et al. Image classification using random forests and ferns[C]//ICCV 2007. IEEE 11th International Conference on Computer Vision. IEEE, 2007:1-8.

[52] HUANG C, DING X Q, FANG C. Head pose estimation based on random forests for multiclass classification[C]//2010 20th International Conference on Pattern Recognition(ICPR). IEEE, 2010:934-937.

[53] FANELLI G, GALL J, VAN GOOL L. Real time head pose estimation with random regression forests[C]//2011 IEEE Conference on Computer Vision and Pattern Recognition(CVPR). IEEE, 2011:617-624.

[54] FANELLI G, WEISE T, GALL J, et al. Real time head pose estimation from consumer depth cameras[J].International conference on pattern recognition, 2011, 6835:101-110.

[55] LIU Y, CHEN J, GONG Y, et al. Dirichlet-tree distribution enhanced random forests for head pose estimation[C]//International Conference on Pattern Recognition Applications and Methods, 2014:87-95.

[56] MINKA T. The dirichlet-tree distribution[OL]. (1999-07-01)[2018-09-18]. http://www.stat.cmu. edu/minka/papers/dirichlet /minka-dirtree.pdf.

[57] YANG H, PATRAS I. Privileged information-based conditional regression forest for facial feature detection[C]//IEEE International Conference and Workshops on Automatic Face and Gesture Recognition. IEEE, 2013:1-6.

[58] OROZCO J, GONG S, XIANG T. Head pose classification in crowded scenes[C]//BMVC. 2009, 5:6.

[59] LEE C S, ELGAMMAL A. Non-linear factorised dynamic shape and appearance models for facial expression analysis and tracking[J]. IET Computer vision , 2012, 6(6):567-580.

[60] KAKUMANU P, BOURBAKIS N. A local-global graph approach for facial expression recognition[C]//IEEE International Conference on the Tools with Artificial Intelligence. Los Alamitos:IEEE Computer Society Press, 2006:685-692.

[61] 郭修宵, 陈莹. 非约束环境下人脸特征点的稳定跟踪[J]. 计算机辅助设计与图形学学报, 2014, 26(7):1135-1142.

[62] CHEN J, GONG Y, ZHANG K, et al. Facial expression recognition using geometric and

appearance features[C]//the ACM International Conference on Internet Multimedia Computing and Service, 2012:29-33.

[63] LIU Y, CHEN J, SHAN C, et al. A hierarchical regression approach for unconstrained face analysis[J]. International journal of pattern recognition and artificial intelligence, 2015, 29(8):1556011.

[64] DAPOGNY A, BAILLY K, DUBUISSON S. Pairwise conditional random forests for facial expression recognition[C]//Proceedings of the IEEE International Conference on Computer Vision, 2015:3783-3791.

[65] FANELLI G, YAO A, NOEL P L, et al. Hough forest-based facial expression recognition from video sequences[C]//European Conference on Computer Vision. Berlin, Heidelberg: Springer 2010:195-206.

[66] KARPATHY A, FEIFEI L. Deep visual-semantic alignments for generating image descriptions[J]. computer vision and pattern recognition, 2015:3128-3137.

[67] ZHANG T, ZHENG W, CUI Z, et al. A deep neural network-driven feature learning method for multi-view facial expression recognition[J]. IEEE transactions on multimedia, 2016, 18(12):2528-2536.

[68] JUNG H, LEE S, YIM J, et al. Joint fine-tuning in deep neural networks for facial expression recognition[C]//2015 IEEE International Conference on Computer Vision (ICCV), 2015:2983-2991.

[69] ZHOU Y, SHI B E. Action unit selective feature maps in deep networks for facial expression recognition[C]//2017 International Joint Conference on Neural Networks(IJCNN). IEEE, 2017: 2031-2038.

[70] ZHENG W. Multi-view facial expression recognition based on group sparse reduced-rank regression[J]. IEEE Transactions on Affective Computing, 2014, 5(1):71-85.

[71] KONTSCHIEDER P, FITERAU M, CRIMINISI A, et al. Deep neural decision forests[C]// 2015 IEEE International Conference on Computer Vision(ICCV). IEEE, 2015:1467-1475.

[72] JIANG H, LEARNED-MILLER E. Face detection with the faster R-CNN[C]// 2017 12th IEEE International Conference on Automatic Face & Gesture Recognition(FG 2017). IEEE, 2017:650-657.

[73] PARKHI O M, VEDALDI A, ZISSERMAN A. Deep face recognition[C]//British Machine Vision Conference, 2015, 1(3):6.

[74] DING H, ZHOU S K, CHELLAPPA R. Facenet2expnet:regularizing a deep face recognition net for expression recognition[C]//2017 12th IEEE International Conference on Automatic Face & Gesture Recognition(FG 2017). IEEE, 2017:118-126.

[75] ELITH J, LEATHWICK J R, HASTIE T, et al. A working guide to boosted regression trees[J]. Journal of Animal Ecology, 2008, 77(4):802-813.

[76] STAUFFER C, GRIMSON W E L. Adaptive background mixture models for real-time tracking [C]//IEEE Computer Society Conference on Computer Vision and Pattern Recognition, 1999, 2:246-252.

[77] JIA Y, SHELHAMER E, DONAHUE J, et al. Caffe:convolutional architecture for fast feature embedding[C]//The 22nd ACM International Conference on Multimedia, 2014:675-678.

[78] BAILLY K, DUBUISSON S. Dynamic pose-robust facial expression recognition by multi-view pairwise conditional random forests[J]. IEEE transactions on affective computing, 2017.

[79] LIU M, LI S, SHAN S, et al. Au-aware deep networks for facial expression recognition[C]// 2013 10th IEEE International Conference and Workshops on Automatic Face and Gesture Recognition(FG). IEEE, 2013:1-6.

[80] ZHANG X, MAHOOR M H, MAVADATI S M. Facial expression recognition using *lp*-norm MKL multiclass-SVM[J]. Machine Vision and Applications, 2015, 26(4):467-483.

[81] LOPES A T, DE AGUIAR E, De Souza A F, et al. Facial expression recognition with convolutional neural networks:coping with few data and the training sample order[J]. Pattern recognition, 2017, 61:610-628.

[82] RUDOVIC O, PATRAS I, PANTIC M. Coupled gaussian process regression for pose-invariant facial expression recognition[C]//European Conference on Computer Vision. Berlin, Heidelberg: Springer, 2010:350-363.

[83] ZHANG T, ZHENG W, CUI Z, et al. A deep neural network-driven feature learning method for multi-view facial expression recognition[J]. IEEE transactions on multimedia, 2016, 18(12):2528-2536.

[84] CHERIYADAT A M. Unsupervised feature learning for aerial scene classification[J]. IEEE transactions on geoscience and remote sensing, 2014, 52(1):439-451.

[85] KRIZHEVSKY A, SUTSKEVER I, HINTON G E. Imagenet classification with deep convolutional neural networks[C]//Advances in Neural Information Processing Systems, 2012:1097-1105.

[86] HECHT-NIELSEN R. Theory of the backpropagation neural network[C]//International 1989 Joint Conference on Neural Networks, 1989.

[87] 何小飞, 邹峥嵘, 陶超, 等. 联合显著性和多层卷积神经网络的高分影像场景分类[J]. 测绘学报, 2016, 45(9):1073-1080.

[88] CASTELLUCCIO M, POGGI G, SANSONE C, et al. Land use classification in remote sensing images by convolutional neural networks[J]. Acta ecologica sinica, 2015, 28(2):627-635.

[89] PENATTI O A B, NOGUEIRA K, DOS SANTOS J A. Do deep features generalize from everyday objects to remote sensing and aerial scenes domains[C]//2015 IEEE Conference on Computer Vision and Pattern Recognition Workshops(CVPRW), 2015:44-51.

[90] LI X, SHI J, DONG Y, et al. A survey on scene image classi cation[J]. Scientia sinica informationis, 2015, 45(7):827.

[91] LI H, LIN Z, SHEN X, et al. A convolutional neural network cascade for face detection[C]// Proceedings of the IEEE Conference on Computer Vision and Pattern Recognition, 2015:5325-5334.

[92] GLOROT X, BORDES A, BENGIO Y. Deep sparse rectifier neural networks[C]//the Fourteenth International Conference on Artificial Intelligence and Statistics, 2011:315-323.

[93] SZEGEDY C, LIU W, JIA Y, et al. Going deeper with convolutions[C]//2015 IEEE Conference on Computer Vision and Pattern Recognition(CVPR), 2015:1-9.

[94] SRIVASTAVA N, HINTON G, KRIZHEVSKY A, et al. Dropout:A simple way to prevent neural networks from overfitting[J]. The journal of machine learning research, 2014, 15(1):1929-1958.

[95] ZHAO B, ZHONG Y, XIA G S, et al. Dirichlet-derived multiple topic scene classification model for high spatial resolution remote sensing imagery[J]. IEEE transactions on geoscience and remote sensing, 2016, 54(4):2108-2123.

[96] ZHAO B, ZHONG Y, ZHANG L, et al. The Fisher kernel coding framework for high spatial resolution scene classification[J]. Remote sensing, 2016, 8(2):157.

[97] ZHU Q, ZHONG Y, ZHAO B, et al. Bag-of-visual-words scene classifier with local and global features for high spatial resolution remote sensing imagery[J]. IEEE geoscience and remote sensing letters, 2016, 13(6):747-751.

[98] ABADI M, BARHAM P, Chen J, et al. TensorFlow:a system for large-scale machine learning[C]//the 12th USENIX conference on Operating Systems Design and Implementation. 2016:265-283.

[99] ZHANG F, DU B, ZHANG L. Saliency-guided unsupervised feature learning for scene classification[J]. IEEE transactions on geoscience and remote sensing, 2015, 53(4):2175-2184.

[100] LIENOU M, MAITRE H, DATCU M. Semantic annotation of satellite images using latent Dirichlet allocation[J]. IEEE geoscience and remote sensing letters, 2010, 7(1):28-32.

[101] CHEN S, TIAN Y L. Pyramid of spatial relatons for scene-level land use classification[J]. IEEE transactions on geoscience and remote sensing, 2015, 53(4):1947-1957.

[102] BREIMAN L. Random forests[J]. Machine learning, 2001, 45(1):5-32.

[103] ADANKON M M, CHERIET M. Support vector machine[J]. Computer science, 2002, 1(4):1-2.

[104] SIMONYAN K, ZISSERMAN A. Very deep convolutional networks for large-scale image recognition[J].Computer science, 2014.

[105] HU F, XIA G S, HU J, et al. Transferring deep convolutional neural networks for the scene classification of high-resolution remote sensing imagery[J]. Remote sensing, 2015, 7(11):14680-14707.

[106] KRIZHEVSKY A, SUTSKEVER I, HINTON G E. Imagenet classification with deep convolutional neural networks[C]//Advances in neural information processing systems, 2012:1097-1105.

[107] JIA Y, SHELHAMER E, DONAHUE J, et al. Caffe:convolutional architecture for fast feature embedding[C]//The 22nd ACM International Conference on Multimedia, 2014:675-678.

[108] He K, Zhang X, Ren S, et al. Deep residual learning for image recognition[C]//Proceedings of the IEEE Conference on Computer Vision and Pattern Recognition, 2016:770-778.

编　后　记

《博士后文库》（以下简称《文库》）是汇集自然科学领域博士后研究人员优秀学术成果的系列丛书。《文库》致力于打造专属于博士后学术创新的旗舰品牌，营造博士后百花齐放的学术氛围，提升博士后优秀成果的学术和社会影响力。

《文库》出版资助工作开展以来，得到了全国博士后管委会办公室、中国博士后科学基金会、中国科学院、科学出版社等有关单位领导的大力支持，众多热心博士后事业的专家学者给予积极的建议，工作人员做了大量艰苦细致的工作。在此，我们一并表示感谢！

《博士后文库》编委会